数の冒険

算数・数学の世界を楽しむ20話

アンナ・チェラゾーリ
泉 典子/訳

世界文化社

I MAGNIFICI DIECI
L'Avventura di un Bambino nel mondo della Matematica
by Anna Cerasoli
Copyright © 2001 Sperling & Kupfer Editori S.p.A

Japanese translation rights arranged
with Sperling & Kupfer Editori Spa, Milano, Italy
through Tuttle-Mori Agency, Inc., Tokyo

数の冒険

算数・数学の世界を楽しむ20話

contents

1. **インドから来たのにアラビア数字** —— 4
   数学の発祥地(はっしょうち)

2. **タコだったら8進法** —— 14
   10進法の起源

3. **ゼロってないのにある数?** —— 22
   ゼロの概念(がいねん)

4. **かけ算とわり算が先なのはなぜ?** —— 30
   計算の約束ごと

5. **0÷0＝?** —— 36
   答えが不定の計算

6. **ウサギは何匹になった?** —— 42
   フィボナッチ数列

7. **25＝11001!?** —— 52
   モールス符号(ふごう)と2進法

8. **どこまでいっても割りきれない** —— 60
   無理数の発見

9. **数字がなくても計算できる** —— 70
   文字式を使おう

10. **ミスターXの正体をあばけ!** —— 80
    方程式を解く

11	ピラミッドの高さは棒1本で測れる 相似(そうじ)という便利な理論(りろん)	88
12	自然数と偶数(ぐうすう)ではどっちが多い？ 有限と無限	98
13	直角三角形の辺の比はどうしていつも一定なの？ ピタゴラスの定理	104
14	おへその位置は申し分ない 黄金分割(おうごんぶんかつ)	118
15	さいころ遊びは7に賭(か)けろ！ 確率論	128
16	96も角のある多角形 円周率を求める	140
17	円をばらして三角形にする 円の面積を出す	152
18	オウムガイの渦(うず)の不思議 黄金比の多様性	162
19	水道屋さんはどっちが得？ デカルト座標	170
20	自然のなかの幾何学(きか)模様 フラクタルの図形	186
	解説　秋山 仁	196

装丁・坂川事務所　装画・木村晴美　本文イラストレーション・Gigi Cappa Bava　DTP・アド・クレール

chapter 1

インドから来たのに
アラビア数字

数学の発祥地(はっしょうち)

「おじいちゃん、牛乳(ラッテ)を一緒(いっしょ)にとりに行ってくれない？」フィーロは祖父の部屋着のそでをぐいぐい引っぱりました。口のなかにはもう、ママが約束してくれたチョコレートの味が広がっています。

「なに？　どうしたの？　カップ(タッツェ)をとりに行く？」聞きとれなかった祖父はそうたずねました。

「わたしはキッチンにいるんだよ。カップをとるのにどうして外へ出なきゃならないの」祖父は大急ぎで外出用の上着に着がえながら、ぶつぶつ言いました。

「牛乳なの、おじいちゃん、カップじゃないんだよ！　とにかく急いで！」フィーロははしゃいでそう言うと、ろくに言葉もかけないで祖父をエレベーターに押(お)しこみました。

「牛乳か、わかった、牛乳だね。聞こえたよ、わたしの耳は悪くなんかないからね」祖父は上着のボタンをはめながら念を押しました。

　もう何年も前に数学の先生をやめてしまった祖父は、おわかりのように、耳がいくらか遠いのです。祖父が言うのには、その「軽い難聴(なんちょう)」のもとになったのは、彼の4800人の生徒でした。なにしろ生徒たちは祖父が先生をしていた40年ものあいだ、手をあげてはものすごい声でど

なっていたのです。「先生、わからないよ。もう一度説明して！」

　祖父は40年間に教えた4800人の生徒の話になるたびに感きわまって目をうるませながら、眼鏡をつかんでふいにたずねるのです。「40年で4800人なら、1年間の生徒の数は何人ですか？」

　そうなのです、祖父は祖父というより先生みたいで、質問することが**どうしてもやめられない**のです。時間は、祖父にしてみれば、「もう定年だから先生はやめてゆっくり休んでください」と言われたあのいやな日で止まってしまっているのです。けれども学校の思い出は心の底に残ったままで、そのためにいまだに先生気分が抜けないのです。そこでわたしたち家族は、祖父の生徒のかわりを務めるはめになりました。でも祖父には家族だけではもの足りなくて、ときにはよその人まで巻きぞえにして声を張りあげます。ある日など、混みあってざわざわしているパン屋に入ったときのこと、くちびるに人さし指をあてたかと思うと、いかめしく命令しました。「しぃぃぃぃ……静かにしなさい！」

　みんながいっせいにこっちを向きました。ほんとにひとり残らずです。わたしは逃げだしたくなりました。なぜって祖父がつぎになんと言うかわかっていたからです。「さあみんな、席について！」

　わたしたち家族には、このふたつの命令はいつでもコンビになっています。

　フィーロというのは8歳の弟のフィリッポのことで、ひょろひょろのやせっぽちで、ハムスターみたいな門歯があって、手はいつもフェルトペンや粘土でいろんな色に汚れています。祖父はフィーロに「ふろあと君」というあだ名をつけました。なぜってパパやママがおふろに入りなさいと何度言っても、「あとで入るよ、あとで入るよ……」ばかり言うからです。でもふたつのことを同時にはできないので、この「あとで」

は永遠のことみたいです。だって結局おふろには入らないのですから。

　祖父と弟はすごく気が合って、よくふたりでキッチンに入り浸ってはコンロのところでお鍋をかきまわし、見た目も味もすばらしい料理をつくります。戦争を体験してひもじい思いをしたことのある祖父は、キッチンは家のなかの最高の場所だと言います。わたしたちのところまで、ふたりが食器の音をさせながら何かをぼそぼそ話しているのが聞こえてきます。

　祖父にはフィーロを偉大なシェフにしたいという夢のほかに、数学の天才にしたいという大きな夢があります。祖父はわたしが科学より芸術のほうが好きだと言ったときから、わたしには見切りをつけているようですが、でもわたしを誘いこもうという気をなくしたわけではありません。なぜって好機を見つけては神妙な顔をして言うのですから。「忘れないでほしいがね、数学も芸術なんだよ！」

　牛乳を買いに行った朝、ふたりは牛乳屋から帰ってくると、キッチンに閉じこもって食事をはじめました。弟が、だれそれは100リラや200リラの小銭ばかりで牛乳代を払っていた、と話しているのが聞こえました。弟の話によると、モハメッドとかいうその人は、学校の近くの信号で車が止まると、フロントガラスをふいてお金をもらっているのだそうです。「あの人ってどこの人なんだろうね。外国語で話してるんだよ……。あの人たちはみんな貧しいみたいだけど、どうしてなのかな」フィーロは心配そうにそう言います。

　祖父は優秀な先生としてどんな質問にも怖じ気づいてはいられないので、弟に答えました。「モハメッドの国がどこかは、正確にはわからないけどね、でもアラブ人だってことはまちがいない。アラブ人は**みんな貧乏**かっていう話だけど、イタリアに来るアラブの人たちはたしかに貧

しいね。彼らの国には貧しい人がたくさんいるんだよ」

　フィーロが心を傷めているらしいのを見て、祖父はあわてて言いたしました。「でもむかしからそうだったわけじゃないんだ。アラブ世界が

わたしたちの社会よりはるかに豊かで文明も進んでいた時代もあったんだよ」祖父はそう言って深いため息をつきました。

　ここまでくると、祖父がどんなふうになるかは見ていなくてもわかります。祖父は威厳のある顔になり、何をしていても、どんなにおいしい食事をしていてもやめてしまうのです。そう、先生になってしまうのです。そんなとき、わたしは目を閉じてほほえみながら待っています。でも祖父は待つ間もなく口を開き、とてもすてきな物語やたとえ話をして、かわいい弟子を科学的知識という魅力的な小道にいざなうのです。「じつはね……」そうです、じつはわたしも祖父の話に胸をときめかせていました。「じつはね、わたしたちが毎日計算をしたり問題を解いたりするために使う数字を教えてくれたのは、ほかならぬアラビア人なのだよ！　それまでヨーロッパではローマ数字を使っていたんだが、それでは何をするにもやっかいだった」祖父はそこで咳払いをしました。きっと何かわかりやすい例はないだろうかと考えていたのです。「そうだ、君とわたしが料理をするのに、ガスコンロのかわりにたきぎを使うようなものだよ！　じゃ、その事情をもっとくわしく見てみようか」

　いまごろフィーロは、カップを手にもったまま口をぽっかりあけているにちがいありません。それから話がピークにさしかかると、口のなかの食べ物を飲みこむのです。フィーロはいつだってそうなのです、そのすばらしいけれど険しい細道をたどるときには、ほかのことは何もかも忘れてしまうのです。

　祖父は以前にはもっとずっと年上の生徒に教えていたのですから、フィーロにどんなことを教えたらいいか、まごつくこともあります。けれどもフィーロは、彼の年齢にしては図や表にもうかなり親しんでいるのです。とにかく弟は、スポンジみたいに何もかも吸収してやろうと、大

きな目をして祖父を見ています。だからおじいさん先生は、自分の小さな生徒が理解していることをうたがわないで、話を進めていくのです。
「フィーロは肝心(かんじん)なところはちゃんと理解してるよ！」祖父はわたしによくそう言います。それはたしかだと思います。
「グラツィア先生が君に教えた1、2、3、…10、11…という数は**自然数**といってね、インドで発明されたんだ。これが発明される前にも、

アル・フワーリズミー

ものの数量を表すシステムはあった、ローマ人が使っていたものとかね。でもさっきも言ったように、自然数という考え方にくらべたら、ちっともいいものじゃなかった。

　さて西暦773年のことだ。インドの使節が数人、アラビア帝国の首都だったバグダッドにやってきて、新しい計数法でつくられた天文学の計算表を贈り物として王様に差しだした。抜け目のない王様はその重要性をたちまち見抜いてすぐれた数学者を集め、新しい方法を国内に広めたのだ。なかでも優秀だったのがモハメッド・アル・フワーリズミーという名前の数学者で、彼は約70年後に2冊の著書を出版し、そのなかの1冊で**インド式の数の書き方と計算法**を解説した。この本は商人に喜ばれたんだよ。商人は商売に都合のいいことなら何にでも飛びつきたがるからね。だから地中海周辺を移動しながら新しいやり方を広めたのは商人だったのさ」祖父は満足そうに説明を終えると、声を張りあげて結論を言いました。「でもこのインド式やり方でいちばん得をしたのは、ほかでもないアル・フワーリズミーだったんだよ！」

「どうして？　本がすごく高く売れたから？」フィーロが不思議そうにたずねました。

「いや、彼はお金よりよほど価値のあるものを手に入れたんだ。その本のために不死になったのさ！」

　フィーロは2回つばを飲みこんで、ふるえる声で言いました。「それって死ななくなったってこと……？　スーパーマンみたいに」

「ちがう、ちがう、不死と言ってもそういうことじゃないんだよ！」祖父は大げさに言いすぎたようだと思って、すぐに説明をはじめました。「そうだな……ええと……たとえばいまここで……そうだ、ママのレシピだよ！」祖父は冷蔵庫の前の棚から本をとりました。

それからホットココアのつくり方のページを開きました。「ここには君の好きな飲み物のつくり方がそっくり出ているよね。計算をするにも、どうやったらいいかのレシピが必要なんだ。グラツィア先生が教えてくれたたし算やひき算のやり方は、アル・フワーリズミーが彼の有名な本のなかでアラビアの人々に説いたものだ。ママが友達と話しているとき、パスタをつくるのにアルトゥージ（調理法の有名な本を書いた人）のを使ったとか言うだろ？　それと同じように、かけ算やわり算をした人は、アル・フワーリズミーのを使ったと言ってたんだよ。

　この名前はことに外国人の口にたびたびのぼるうちに、はじめは**アルクワリズム**に変わり、それから**アルゴリズム**になって、おおよそ『確定的な計算の手続き』といった意味の言葉として、やがて辞書にものるようになった。君の言う貧しいフロントガラスふきの有名な先祖は、わたしたちが毎日使う言葉のなかにまだ生き続けているというわけさ！」

chapter 2

タコだったら8進法

10進法の起源

　つぎの日フィーロは元気いっぱいで学校から帰ってきました。彼の目はいつになく輝いていました。弟はこれは大した秘密だと思うものをもっていて、それでもなにげないふりをしたいときには、いつでもそんなふうなのです。でもたちまち我慢ができなくなって、うきうきしながらみんなにぺらぺらしゃべってしまいます。

　その日もフィーロは、お昼ご飯の最中に、ランドセルから彼の秘密を引っぱりだしました。

「見てごらん、ぼくのそろばんだよ。グラツィア先生と一緒につくったんだ！」フィーロはもったいぶってわたしたちみんなにそう言ったけれど、目は祖父しか見ていませんでした。

　祖父は顔をほころばせました。

「そうか、だから大急ぎで食べてたんだね！　つくるものにだんだん手が込んできたね！」祖父はそう言いながらうれしそうに手をこすりあわせました。

　フィーロがパパとママに目くばせしただけで、食事は早めに終わりました。弟と祖父がいらいらしてきて、わたしたちまでそろばんの冒険に巻きこまれたら大変です。弟は祖父とふたりだけになると、急いでテー

ブルの上を片づけてこわれやすい宝物をそっとおき、まるで大試合でもはじめるように祖父と向きあって座りました。

　フィーロは一息入れてからはじめました。「ねえおじいちゃん、この変な道具でぼくらはたし算をじゃんじゃんやったんだよ、100や10の位のもね！　すごく簡単なんだ。どうやるか見ててね」いつものようにくしゃくしゃな髪の毛をツンツンたてていたフィーロは、そう言って額にしわを寄せました。「それぞれの棒にはいちばん多くても玉が9個しか通らない。だからつぎの位に移すのをまちがえる心配はないんだ。グラツィア先生が言ってたけど、そろばんにはいろんなのがあって、ずっとむかしにあったのは、小さな表面をほこりや砂でおおったのだったんだって。そこに書いたんだよ、砂浜に字を書くみたいに。そろばんを表す**アバクス**という言葉はね、インドの古い言葉ではそのものズバリ**ほこり**という意味だったんだ。むかしのインド人はほんとうにたくましか

ったんだって！　言葉の後ろには歴史が隠れていることが少なくないって、グラツィア先生が言ってたよ」

　ここまでくると祖父がぐっと身を乗りだしました。むかし高校でやっていたように、ひじをテーブルにのせ、両手の指をからませて孫のフィーロの目のなかをじっとのぞきました。

「たとえばね」フィーロは祖父が話に乗っているのに満足してそのあとを続けました。「**計算**（カルコロ）という言葉は、むかしのローマの人たちはどんな意味で使っていたか知ってる？　**小石**っていう意味だったんだ。ローマ人のそろばんも小さなテーブルだったけど、棒が立ってはいなかったの。ローマ人たちは棒を立てるかわりにそこにみぞをつくったんだ。いろんな単位の何百何十というみぞに小石を入れたのさ。計算するのにそうやって小石を使っていたから、しまいには**計算する**（カルコラーレ）という言葉ができたんだよ」

　祖父はほほえみました。孫がそんな言葉を覚えてそんなに熱心に説明するのを聞いて、さすがにわたしの孫だ！と思ったにちがいないのです。

　祖父はこのときとばかりに計数法の楽しい話をはじめました。数だけで成りたったふたりだけの魔法の世界が出現すると、ほかのものは何もかも遠いところへ飛んでいってしまいます。「いまこそ出番だ」と思った祖父は勢いよく話しだしました。「ところで、そろばんの棒にはどうして玉が9個までしかはまらないかだ。これは大事なことなんだよ。インド人が名高い計数法を思いついたのは、まさにそろばんを使っていたときなんだからね。わたしたちには楽で自然なように見えるけれど、この計数法は人間が考えだしたもののなかでも突出した部類に入るんだよ！」

　祖父はそう言うと、立ちあがって小さな黒板を手にとりました。そこには「足りないもの」と書いてあって、その下に「油、缶入りトマト、

ナプキン」とありました。祖父はその黒板に11という数を書きました。
「この数字は**じゅういち**と読むよね。これが10が1個と1が1個のことだっていうのはわたしも君も知ってるし、だれだって知っている。グラツィア先生が言ったように、わたしたちが使っているのは**位取り記数法**のなかの**10進法**という計数法なのだ。

　どうして**位取り記数法**というかといえば、数字のある位がその数字の価値をきめるからなのだ。ローマ数字の場合とはちがうよね。ローマ数字では、たとえばⅡは1が2個ということなんだから。

　10進法と呼ぶのはね、位の値(あたい)が1、10、100、1000、…のように移るからなんだよ。1の位のあとは、10がいくつ、10の10倍がいくつ、その10倍がいくつっていくだろ？」

　祖父はここまでくるとちょっと止まって、何かを考えているみたいに毛のない頭をかきました。祖父の頭は、意地悪な時間の流れに逆らうかのように、横に白い毛がちょろっと生えているだけなのです。

「10、10ね……でもこの10って数はどうしてやたらに出てくるんだろうね。まるでいろんな料理に使うパセリみたいだ……」祖父はそこまで言うと、フィーロが何か思いつかないかと待っていました。すると弟はたちまち大声で言ったのです。「そんなの簡単だよ、10ってかっこいいじゃないか！」

「そうか、かっこいい……か」祖父はしんぼう強い先生ですが、ちょっとがっかりしたようでした。でもすぐに元気をとり戻しました。「そうだね、かっこいいのはたしかだ。数学者として知らぬ者のないあの偉大なピタゴラスの弟子たちが、自分たちの学派の紋章として10という字を使ったほどなんだから。でも10が計数法の基礎になっているのはそんなことのためではないんだよ！　耳の穴をよくほじくっといてね、ほんとうの理由はこうなんだから。

　大むかしの人が羊の群れを囲いのなかに戻したくて、何頭いるか数えようとしたとする。羊飼いは気の毒に数学なんてぜんぜん知らないけれど、だからといって羊が足りないのは困る。羊の数が少なくて、全部で10頭もいなければ、一目見ただけで何頭いるかすぐにわかるね。でもそれより少しでも多くなったら、数えるための方法を考えなければならない。

　人間の目っていうのは、景色とか芸術作品のなかの特徴ならいくらでもみごとにつかめるけれど、何かの全体の数をつかむには不向きなんだよ。たとえば君はこの前の日曜日に友達とサイクリングに行ったよね。友達の顔とか走った場所とか、どんなパンを食べたかならよく覚えているだろ？　でも**何人**で行ったかとなると、数えてみなくてもわかるかい？」

　フィーロはなんとか思いだそうとしましたが、でもお手あげでした。そこで、おじいちゃんの言うとおりだ！と降参しました。いったい何人で行ったのか、ちっとも思いだせなかったのです。

　祖父は買い物用の小さな黒板をふたたび手にとると、話を続けました。
「たとえばある羊飼いが132頭の羊をもっていたとするね。彼は囲いに羊を入れながら手の指で数えるんだ。でも10本の指はすぐに終わってしまう。そうするともう指はないから、ちょっと考えてから小石をひとつとる。その小石は羊10頭分のかわりのつもりだ。だからそれはどけておいて、また10本の指で10頭の羊を数える。そうやっているとしまいには、羊10頭のかわりの小石が13個になるわけだね。
　残った2頭の羊は10頭の仲間に入れることはできないけれど、それでも小石をかわりにすることはできるよね。でもそれは10頭のかわりの小石とはちがうから、区別するために、たとえばこの図のように仕切った場所に別にしておくんだ。

　さて、10頭のかわりの小石13個も、目で見ただけではいくつあるかわからないから、これも数えたくなる。そこでまた10本の指を1本ずつ使って13個の小石を数えはじめる。するとしまいに仲間に入れない小石が3個残る。それはまんなかの仕切りに入れる。10が10個分の小石はひとつだよね。それはこうやって左の仕切りに入れるんだ。
　どう思う？　わたしの弟子の科学者君。すっきりしてるだろ？」おじいさん先生は黒板をテーブルの上において、額ににじんだ汗をハンカチーフでふきました。
「おじいちゃん、どうして10がやたらにあるのかやっとわかったよ！」フィーロは手の指をぴんと伸ばして調子はずれの声をあげました。「ぼくら人間の指が10本だからなんだね！」
「そのとおりだよ！」祖父はうれしそうに言いました。そして「講義」をおもむろに終わらせようと、眼鏡をはずして孫の手を握りました。フィーロのほうも、指はインクで汚れ鼻の頭にはチョコレートがくっついていたけれど、喜んで重々しく祖父の手を握り返しました。

chapter 3

ゼロってないのにある数？

ゼロの概念(がいねん)

　おやつの時間です。ふたりはまたキッチンにいます。
　フィーロは背もたれのない椅子(いす)に腰かけて足をぶらぶらさせています。祖父はふたつの大きなリンゴの皮をむいて切り分けています。弟がリンゴを1切れずつお皿にまるく並べているあいだ、祖父のほうはクルミをいくつか割っています。
「さあできた。リンゴとクルミだ。健康にこれほどいいものはないよ！」祖父が大きな声で言いました。「戦時中によく食べたものだ。どんなにおいしかったことか！」
　フィーロはせかしたりはしません。祖父が戦争の思い出で声をふるわせているときには、早く食べたいなんて言えないからです。「今日のはちょっとやわらかいね。脂肪(しぼう)や添加物(てんかぶつ)が多いんだな！」祖父はむずかしい顔をして言いました。
　いつもこうなのです。祖父が空腹だったむかしのことを話しはじめ、どうにか見つけた食べ物だけでは腹を満たすことなどとうていできなかったと語るとき、フィーロは熱心に聞いていますが、最後にはいつも栄養についてのまじめな話になるのです。
　あるときママは、戦時中の捕虜(ほりょ)の身になってみるのだと言って、祖父

がまる一日パンと水しかとらなかったことに気がつきました。ママは腹を立てて祖父にくってかかりました。「パパ、あたしたちまで戦時中の疎開児童みたいに暮らすなんてことはできないわよ！　こんなことはいいかげんにしてくれない！」

ママは言いすぎたと思ってそのあとすぐに祖父に謝ったけど、祖父のほうはその日は寝るまでしょぼくれていました。

おやつが終わるとフィーロはまたそろばんの話に戻りました。その話はほんとうにおもしろかったからです。弟はあれからそのことばかり考えていたので、もう少し知りたくなったのです。「おじいちゃん、火星人は手のかわりにピンセットみたいな指が２本あるだけだよね。それでもぼくらと同じそろばんを使うと思う？」

祖父は、そらきた！とばかりに話しはじめました。「もちろんそうはしないと思うよ。彼らは４進法を使うんじゃないかな。指が全部で４本なんだから４でひとまとめにすると思うよ。だから、１、４、４の４倍、それの４倍、またそれの４倍っていくんだろうね。アフリカの住民のな

かには、指は足にもあることに気がついて、20の20倍という数え方をする人たちもいるんだってさ。それだけじゃないよ。君の友達にフランス人がいたよね。彼らは80と言うのに20の4倍という言い方をするんだよ。たぶんそのむかしフランス人というのは……」

「じゃあ火星人のそろばんの棒はもっと短いはずだよね！」フィーロは物知り博士みたいな顔でそう言いました。「それで、それぞれの棒には3個より多くの玉は入れないんだ。だって4個入れなければいけないときには、左側の棒に1個だけ玉を入れてかわりにするんだものね！」弟は祖父にほめる間も与えないで続けました。「ぼくらが使っている数え方を発明したインド人はなんていう人なの？　公園のまんなかにその人の立派な像を建てたらいいと思わない？　アル・フワーリズミーは不死になったのにその人はなれないなんて不公平だよ」

祖父は笑いました。「ふたつ理由があって、その人の名前はわからないのだよ。第1の理由は、もうずいぶんむかしのことになってしまったということだ。インドに1冊の本があってね、それはもう1500年も前の本だけど、そのなかにすでにこの有名な数え方が出てきてるんだ。2番めの理由だけどね、この数え方はただひとりの人がある朝ふいに思いついたものじゃないんだ。たくさんの人が直観や思考を重ねて一歩一歩たどるうちに、かさばるそろばんより書いて計算するほうが楽だという驚くべき発想に、だんだん近づいていったんだよ。

だから公園に像を建てるという君の高貴な思いつきは捨てるしかないよね、だって考えた人全員の像を建てるわけにはいかないんだから……」

フィーロは何も言わなかったけれど、納得しているのは表情からわかりました。

「でもね」祖父は続けました。「むずかしいのは、それぞれの棒に入っ

ている玉の数を、玉のかわりに字を使う**数字**という表し方にかえることではないんだ。ともかく1から9までを表す記号ならすでにあったんだよ、いまわたしたちが使っているようなのではないけどね。でも使う目的は同じだった。問題はあいだにある棒に玉がない場合なんだ。ここに描_かいてみようね。

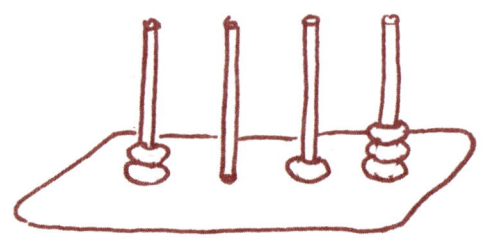

　じっさい人々が考えだしたのは**数量**を表すシンボルであって、**数量がない状態**を表すものではなかったんだね。だからそろばんはまだ手放せなかった。なぜなら、いまわたしたちが2013と書く数を213と区別するのは、からの棒だからなのだ。

　でもあるときある人が、何もないからの状態を表す記号も考えついた。その人は小さな点を書いたんだが、それから何十年もたつうちに点がだんだん大きくなっていまの0になったんだよ。とても自然なのにじつに巧妙_{こうみょう}なこの数字を、インドの人たちはサンスクリットで「空_{くう}」を表す**スーニャ**と呼んでいた。アラビア人はこれを翻訳して、同じ意味の**シフル**と言っていたんだ。

　それから中世になると、ピサに住んでいたフィボナッチという人が、ヨーロッパに新しい計算方法を広めようとして本を書いた。フィボナッチは、**ゼフィルス**（ゼフィルスというのは弱い西風のことだ）という言葉がシフルに似たひびきをもつと考え、そのうえたぶん、風は空気だか

おお、偉大なるゼロ（様）！

ら何もないのと同じだと思ったんだろうね、新しい数字を**ゼフィルス**と呼ぶことにしたんだよ。イタリアではそれがいつのまにか**ゼヴェーロ**に変わって、しまいには**ゼロ**になったというわけさ」

「なんて長い話なんだろ！　こんなに簡単な言葉ひとつなのに」フィーロはそう言い、元気づけみたいに「ゼーロ！　ゼーロ！」とやりました。「まったくだ！　でもこれでおしまいじゃないんだよ。イタリア語では**数字**という言葉になったアラビア語の**シフル**からはじまって、のちには10個の記号のそれぞれにも名前がつけられるようになり、それがこの数え方の、数のアルファベットみたいになったんだ。

　というわけで、わたしたちをそろばんから解放してくれたのはこのゼロというやつなのさ。でもね、そろばんを使っていたからこそ、数字の占める位置が数字そのものに確固とした価値を与える、という思いつきに達したんだよ」

　ここまでくると祖父は、聞く者すべてを黙らせてしまうあの長談義に、

いつもなら入るところでした。でもその日はフィーロにも話したいことがありました。なぜって大好きなグラツィア先生から、フィボナッチのことをいろいろ聞いていたからです。
「その人はレオナルドって名前だったんだ、あの偉大なレオナルド・ダヴィンチみたいにね」弟はフィボナッチの名前も紹介しました。
　グラツィア先生の話はこうです。ピサのレオナルドと呼ばれたフィボナッチは、1202年というはるかむかしに『アバクスの書』という本を出しました。アル・フワーリズミーから400年以上もあとに、みごとな計算法をヨーロッパにも広めたのです。彼がそれを身につけたのは、アルジェリアで商業を営んでいた父親のボナッチョさんの仕事を手伝っていたからでした。

「そのとおりだ」祖父がうなずきました。「でもアラビアではこの計算法がみんなに喜ばれてすぐに使われだしたのに、ここヨーロッパでは大

騒ぎになったんだ。そろばんを使って計算するというむずかしい技術を身につけた人は少なかったから、彼らはそれを立派な職業にしていたんだね、いまでいったら会計士みたいなものだ。だから彼らはやさしくて親しみやすいこの新しい計算法に猛烈に抵抗した。その結果ふたつのグループができちゃったんだ。それまでのそろばんを守ろうとする**アバクス派**と、アル・フワーリズミーの弟子たちが広めた**アルゴリズム派**とね。このふたつが前代未聞の衝突をしたんだよ」

「でも最後にはアルゴリズム派が勝ったんだね！　よかったよ……とくにフィボナッチのためにね。だってフィボナッチっていい人だったんだよ。その人はウサギをたくさん飼っていたって、グラツィア先生が言ってたよ」

「ええっ、ほんとうかい？」祖父は信じられないという顔をしました。「食べるために飼っていたの？」

「ちがう、ちがう！　数えるためだよ！」フィーロはすぐにそう言いました。弟は数学にはそろそろ飽きて、機械じかけのミッキーマウスと遊びはじめていたのです。祖父は数えるためにウサギを飼うという話をおもしろがって、ちょっと笑いながらしばらく弟の顔を見ていました。そのとき祖父はもう、かの有名なウサギの話をどうやってしようかと考えはじめていたのです。

chapter 4

かけ算とわり算が先なのはなぜ？

計算の約束ごと

　フィーロは今日、まるで何か問題を抱えているようなきまじめな顔で家へ帰ってきました。そしてママにお帰りなさいを言われるが早いか口を開きました。「友達みんなのなかで、ミリタリー・ルックみたいなのをもってないのはぼくだけなんだ、パパにもらったロシアの望遠鏡のサックはあるけど。みんなはズボンやシャツや帽子や……筆箱までもってるのに。明日からはぼくもニコラみたいに上から下まで迷彩服にしたいよ」

　ママはだめよという前に、どうしてなのかとたずねました。弟が言うのには、空から攻撃されたとき、学校の庭の植木のあいだに隠れれば見分けがつかなくなるからだそうです。

「でもいまは戦争なんかしてないのよ！　そんな危険はないわよ！」ママはそう言って弟をなだめました。

「いまはね！　ニコラのパパは公安警察にいるんだよ。だから自分の子どもに迷彩服を着せてるってことは、何か理由があるはずじゃないか！　ニコラのパパはきっと、戦争があるかもしれないっていう秘密の知らせをどっかからそっと聞いちゃったんだよ。わかった？」

「わかりました」ママの負けでした。その日の午後にはもう弟にポケッ

トが15個もあるグリーンのミリタリー・ルックのベストを買ってやったのです。じつをいえばポケットは14個だったけれど、フィーロはいつもの癖(くせ)で少しでも大きく見せたくて、襟(えり)についている防水帽の袋まで数に入れたのです。

「ここは長いからすごく役に立つんだよ！　ここにゴムのチューブを入れておけば地下の湧(わ)き水だって飲めるもんね」弟はわたしたちみんなに説明しました。弟からすれば、わたしたちは戦争のこともゲリラ戦のこともぜんぜん知らないのです。

それから弟は生き残るのに必要なものをせっせと探(さが)しはじめました。自分の引きだしは全部あけ、「化学で遊ぼう」の箱のなかもひっかきまわし、パパの日曜大工道具やママの裁縫箱(さいほうばこ)のなかまでごそごそ探していました。

15分もするとポケットはどれもふくらみすぎるほどふくらんで、ベストの重さは4キログラムくらいになりました。弟は大満足でベストを着ると、やっと宿題をはじめました。あたらしい服への期待に気が散って、翌日までの悩みの種になっているやっかいな数式に、そのときまで集中することができなかったのです。なにしろその服を着ているのですから、注意力をぴんと張って目の前に並んでいる記号をよく見ようとしたって無理なのです。目はノートからそれて、たくさんあるポケットのうちのどれかにどうしても向いてしまいます。フィーロはとうとう助けを求めることにしました。「ねえおじいちゃん、ここに来てよ。計算が早く終わったらぼくのベストの秘密を全部見せてやるからさ！」

祖父は風変わりなベストのことを知りたいのと、孫に教えたいという気持ちにせかされて、フィーロのそばに座って質問されるのをじっと待っていました。

「ねえ」気が軽くなったフィーロはさっそくはじめました。「この計算をしなきゃならないんだよ。

$$1000 + 2500 \times 10$$

でもグラツィア先生は、かけ算はあとに書いてあっても先にしなさいって言うんだ。つまりこうだよね。

$$1000 + 25000 = 26000$$

どうして計算にも順番があるのかわからないよ。どの計算も同じくらい大事なはずじゃないの？」
「そのとおりだ。計算の順番はあるけどね、でもそれは大事かどうかの問題じゃない。式はある問題を解くための計算をリストにしたものだけど、でも順序よく並べただけのものなんだよ！　たとえばこの式を使えばこんな問題が解けるよね。先生が文房具屋へ行って1000リラのエン

ピツを 1 本と 2500 リラのノートを 10 冊買いました。全部でいくら払ったでしょう。計算の順番をわかりやすくしようと思ったら、こうやって書けばいい。

$$1000 + (2500 \times 10)$$

もし先生がエンピツを 10 本とノートを 10 冊買ったのなら、計算の中身は同じだけど、書き方はこうすればいいよね。

$$(1000 + 2500) \times 10$$

だから

$$3500 \times 10 = 35000$$

ここで知っておいてほしいことがあるんだがね、数学者たちはいつも時間とインクを節約しようとするんだ。そこでみんなでとりきめをした。（　）のなかがかけ算かわり算だったら、（　）はつけないってね。一方たし算とひき算のときには（　）はつけることにしようって。だからグラツィア先生がくれた式では、かけ算のところには（　）があるつもりで、まずそこを計算してから、それに 1000 をたすわけだ」

ここまでくるとフィーロは、まるで説明しがたい宇宙の法則でも理解したみたいに猛然と計算をはじめ、数分もしないうちに全部の式をひとりで計算してしまいました。祖父はごほうびをもらおうとそこで待っていました。こんなわけで、地味なベストのポケットに大切にしまわれた

15の宝物をありがたく見せてもらえたのは、家族のなかで祖父ひとりだったのです。

chapter 5

$0 \div 0 = ?$
答えが不定の計算

　わたしたちの家はマンションの5階です。祖父は健康のためにほとんどいつも階段をのぼります。エレベーターはめったに使わないけれど、上の階に住んでいるベネデッティさんに会ったときには、喜んでエレベーターのほうにします。それはたぶん、ベネデッティさんがしょっちゅう祖父に数学の質問をするので、それに答えたいからなのです。祖父はたった数階をのぼるあいだに急いで返事をするのですが、その返事をどうするのかは祖父にもよくわかりません。ベネデッティさんがそれを「今週のなぞなぞ」というクイズ番組のために使うのか、それとも最愛の息子の宿題を解くためなのか……。その息子というのはフィーロより2学年上なのですが、見るからにクラスでいちばんという顔をしているいやなやつなので、フィーロはいつでも光より速いスピードで逃げだしてしまいます。

　でもあるとき弟は、気が向かないのに無理をして、おそるおそる話しかけてみました。

「ねえ、ぼくもグループ883のCDを買ってもらったんだ！」弟は勢いよく言いました。

「猿まねだよ！」ベネデッティさんの息子はエレベーターを降りながら

小ばかにしたようにそう返しました。

「猿まね」っていうのはひどすぎるので、弟はそれからはもう絶対に口をきかないことにしました。

　昨日ベネデッティさんは、フィーロと一緒に買い物から帰ってきた祖父にばったり出会いました。そして思ったとおり祖父に声をかけました。「先生、ぜひ教えていただきたいんですけどね、ゼロで割ることはできないんですか⁉　息子にはそれがわからないんですよ。息子はわたしに言うんです。コンピューターの画面でゼロで割ろうとしても、**エラー**と大きく出てしまうって」ベネデッティさんの顔はだんだん赤くなりました。「それならやっちゃいけないっていうことよ、ってわたしは言ったんです。もうやらないほうがいいってね。でも先生、教えていただきたいんですがね、やっちゃいけない計算なんてあるんですか？」

　祖父は興奮したベネデッティさんが話し終わるのをしんぼう強く待っ

てから言いました。「その謎を解くのはじつに簡単で、一種のコロンブスの卵なのですよ。たとえばやさしいわり算を考えてみましょう。

$$15 \div 3$$

　答えが5になるのは、5×3が15だという単純な理由からですよね。答えが7でないのは、7×3は15ではないからです。
　じっさい、どんなわり算でもいいのですが、たとえばこれの場合、5という答えに**割る数**の3をかければ、**割られる数**である15になりますよね。
　それではつぎの式の答えはどうでしょうか。

$$15 \div 0$$

　これの答えは出ないのです。なぜってゼロをかけたら15になる数は存在しないからです。どんな数でもゼロをかければゼロになってしまいます。孫が言うんですが、ゼロというのは、かけ算では**数食い虫**なんですよ。というわけで、ゼロで割ることは**不可能**なので、禁止されてるんじゃないのです」
　ベネデッティさんはエレベーターを降りながら大喜びでお礼を言いました。「よくわかりましたよ、先生。息子にくわしく説明してやりますわ！」
　ところがベネデッティさんは今日、その話を蒸し返したのです。絵を2時間描いてから庭仕事を1時間して、さわやかな気分でフィーロと帰ってきた祖父に、息子が受け継いだのとそっくりの物知り顔で彼女は言いました。「あのね先生、息子と一緒に見つけたんですが、ゼロで割れる場合もあるんですね。

商と呼ばれるわり算の答えは、それに割る数をかければ割られる数になるっていうのは息子も知っていました。つまり、

$$15 \div 3 = 5 \quad なのは \quad 5 \times 3 = 15 \quad だからです。$$

でもそれなら、つぎのような場合、

$$0 \div 0$$

答えは0ですよね。だって0×0の答えは割られる数の0になりますから」
「おっしゃるとおりです。そのとおりですよ」祖父は心配そうなフィーロに見守られながらすぐにそう答えました。ベネデッティさんのほんと

うの目的は祖父の鼻をへし折って息子を喜ばせることではないかと、弟はいつもそう思っているのです。「たしかに

$$0 \div 0 = 0$$

ですが

$$0 \div 0 = 8$$

でもいいわけです。なぜなら8×0は割られる数の0になりますからね！　でも8じゃなくたって、どんな数だって

$$0 \div 0$$

の答えにはなるんですよ。ところで奥(おく)さん、タルトをつくるのはお好きですか？　同じ材料を使っているのに毎回考えてもいなかった別のものができてしまう、なんてことはないですか。そんなことはないですよね。レシピが申し分なければ、どんなものができあがるかはつくる前からわかります。それと同じで、数学者に興味があるのは唯一(ゆいいつ)の確実な答えが出る計算だけなのです。だから答えがひとつだけではなくて、そのために**不定の計算**と呼ばれる計算は、答えを出せない計算と同じように、はじめからやらないのですよ」

　祖父はそう言いながらフィーロにウインクしました。フィーロのうれしそうな目が言っていました。「おじいちゃん、さすがだね！　これで今日もこっちの勝ちだよ」

chapter 6

ウサギは何匹になった？

フィボナッチ数列

　しばらく前から弟は、外に出るときはきまって髪の毛をジェルでてかてかにしていきます。わたしたちがケチをつけると、ジェル・ルックならばっちりだ、なんて言います。「だってさ、去年まで知らん顔してたフランチェスカが、いまじゃぼくに夢中なんだもん」
　フランチェスカは弟のクラスの女の子だけど、ほっぺたがぷうっとふくらんで、あんな変な子見たことないです。でも弟は、あんなすてきなほっぺたはないと言います。
　数日前に祖父は、フィーロがいつもみたいにフランチェスカのべたほめをはじめると、とうとう我慢できなくなって、賢いおじいさんという顔をして言いました。「女の子で大事なのは、きれいかどうかじゃなくて、頭なんだよ！」
　フィーロはちょっと考えているみたいだったけど、でもそれから祖父の言葉にかえって元気が出たのか、いかにも納得したように言いました。「ぼくがどうしてフランチェスカが好きなのかわかったよ。ほっぺたって、頭についてるんだもんね！」
　今日弟が言うのには、グラツィア先生がフィーロとフランチェスカに、とても正確な答えが必要な問題を出したそうです。そう、フィボナッチ

のウサギを数える問題なのです。祖父は先生の思いつきに感心して身を乗りだし、くわしく話してごらん、と弟に言いました。
「おじいちゃん、フィボナッチがすっごく頭よかったのは知ってるよね。その人は1202年に書いた有名な本のなかで、こんな問題を出したんだ。
　子どものウサギが2匹いて、生まれて2か月たつと、そのウサギからもう1組のウサギが生まれた。それから1か月過ぎるたびにつぎつぎと1組のウサギが生まれた。ウサギってたくさん子どもつくるの、知ってるよね。生まれたウサギが、みんな同じように子どもをつくっていったの。

最初の1か月めのはじめには、ウサギは何匹いましたか。2か月めのはじめには何匹いましたか。3か月めのはじめには？

　グラツィア先生は、ぼくらがノートに描いたのと同じものを厚紙にも描くようにと言ったんだ。朝になるたびに、1か月が過ぎたことにするの。フランチェスカは生まれたばかりのカップルと、まだ子どもがいない若いカップルを描く。ぼくのほうは子どものいるおとなのカップルを描く。そうやって描いていって、それから合計してみるの。そうすれば全部で何匹になったかわかるでしょ。今日は5日めだから5か月めってことだけど、でもぼくはもう、6か月めまでのウサギをノートに描いちゃったんだ。見たい？」

　フィーロは祖父の返事も待たないで、ミッキーマウスみたいに飛び跳ねながら廊下を駆けぬけて自分の部屋へ行くと、ぱんぱんにふくらんだランドセルにつぶされそうなかっこうをして戻ってきました。ランドセルから最初に飛びだしたのは、古くなった食べかけのパンでした。「これ、とっといたんだ」とフィーロは、得意そうな顔で祖父に言いました。なぜって祖父がいつも、食べ物は無駄にしてはいけないと言っていたからです。それからすぐに、数学のノートをおもむろにとりだしました。ノートは持ち主に似合わず、とてもきれいにされていました。

「見て、おじいちゃん。ごちゃごちゃにならないように色分けしたんだ。生まれたばかりのウサギは赤で、生まれて1か月のは薄いブルーで、子どもがつくれるおとなのウサギは濃いブルーってね。1か月めのはじめには1組しかいないでしょ。2か月めのはじめもまだ1組だよね。でも3か月めのはじめになると、子どもが1組できるから、全部で2組になる。それから4か月めのはじめには、おとなのカップルはもう1組生むけど、子どものウサギはまだ生まない。だから全部で3組いるわけ。わかる？」

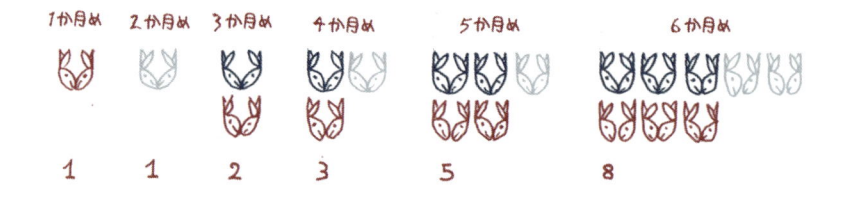

1か月め	2か月め	3か月め	4か月め	5か月め	6か月め
1	1	2	3	5	8

「わかるよ」と祖父は言って、やれやれという顔をしました。「それにしても、数える前にウサギを全部描くっていうのは骨の折れることだね！　ふえるばかりなんだから楽じゃないよ！」

「でもさ、フィボナッチのまねしてウサギを育てるよりは楽ちんだよ」とフィーロはもっともなことを言って、それから小さい声で言いだしました。「グラツィア先生が言ってたけど、秘密の公式があるんだって、つぎの月にはウサギが何匹になるかを知るための。でもどんな公式なのかはまだわからないんだ。それを考えたくて、6か月めになったときのも描いてみたんだよ。先生は、公式があるのはそのほうが楽だからだって言ってた。数学者が公式を追いかけたがるのはどうしてか、それでわかったよ。数学者って怠け者だっていうもんね！」

祖父はフィーロにその公式を教えたくてうずうずしているみたいでした。でも祖父は日ごろから言っていたのです、「**発見する喜びを生徒から奪ってはいけない！**」と。

だから秘密の公式は自分の胸にしまっておいて、孫の探求心をたきつけるだけにしました。「ひとつ君に絵を見せてやろう。もう何年も前に生徒たちのために描いた絵だよ」

祖父はフィーロみたいに飛び跳ねはしなかったけれど、負けずに興奮して自分の部屋に引き返し、まだメモが少しばかりはさんである革表紙の古い書類入れをもってきました。それからページをあちこちひっくり

返すと、成長した枝と葉っぱを描いた一枚の絵をとりだしました。その植物の名前はわたしたちにはちょっとミステリアスなエゾノコギリソウというのです。

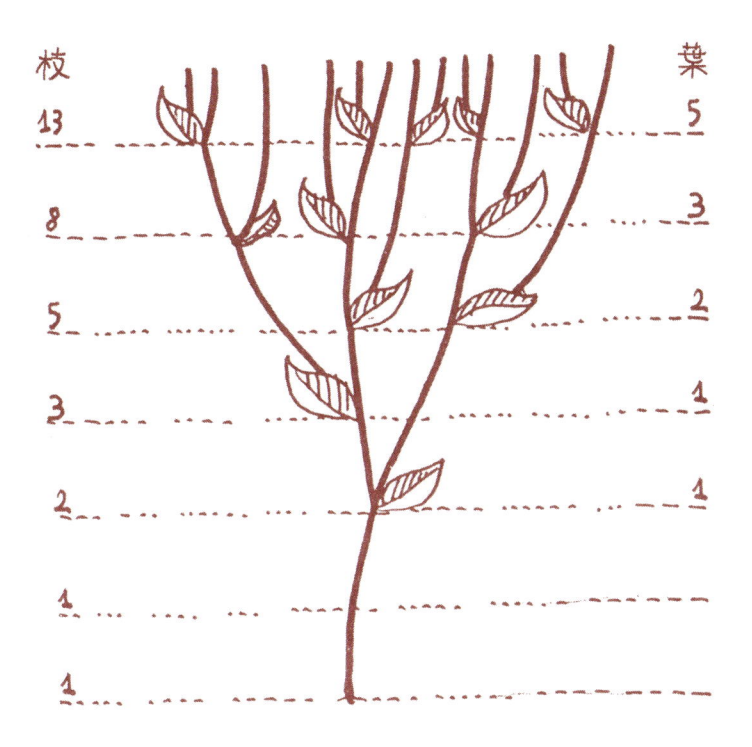

枝　13　8　5　3　2　1　1

葉　5　3　2　1　1

「この植物の枝もフィボナッチが育てたウサギと同じで、芽が出ると2か月のあいだそのまま伸びて、そのあとは毎月別の枝をつくるんだ。枝が生えときには小さな葉っぱも1枚生まれる。つぎの枝が生えるまでのあいだは1か月ではないかもね。ウサギの子が生まれるのだって毎月ってわけでもないだろ？　でもそんなことはどうでもいいよね」

　フィーロは急いでうなずきました。どうでもいいことになんか時間をかけたくはなかったからです。植物がどうしてウサギの家族と同じなの

か、そっちが早く知りたいのです。

「じゃ、絵を見てみよう」祖父はそう言って、フィーロを心はずむ発見に向かって後押ししました。「ある月の枝の数は、前の月の枝の数できまる、ってそう思う？」

「うん、だって新しい枝は、前の月にあった枝から生えるんだから！」

「でも、前の月にはまだ出たばかりだった枝からは生えないよね」

「もちろんだよ！　だって新しく生えた枝は、２か月たたなきゃ別の枝をつくらないじゃない！」

「よし、じゃつぎに移ろう。枝の数はね、その前にあった枝の数２本によってきまるんだ！　いいかい、書いてみようか。まず枝の数を右に書いて、その隣（となり）に、すぐ前にあった枝の数をふたつ書く。書き終えたら数

字をじっと眺めてみよう。秘密の公式が浮かんできたらしめたものだ！」

　祖父はそう言いながら、キッチンの小さな黒板を手にとって書きはじめました。

$$
\begin{array}{ccc}
1 & 1 & 2 \\
1 & 2 & 3 \\
2 & 3 & 5 \\
3 & 5 & 8 \\
5 & 8 & 13
\end{array}
$$

　フィーロは、祖父が書いた数字のひとつひとつについては納得し、見たところなんの関係もなさそうなそれらの数字について、神妙に考えはじめました。祖父は、たったひとりになった自分の生徒が「降参！」と言わないように、口から出かかっていたヒントをつぎつぎと言ってやりました。するとうれしいことに、フィーロがはしゃいでうわずった声ではっきりと言ったのです。「おじいちゃん、わかったよ。**どの数字も、前のふたつを足したもの**なんだ！」それからフィーロは、数字と数字の関係を急いできちんと書いてみました。

$$
\begin{array}{rcl}
1 + 1 &=& 2 \\
1 + 2 &=& 3 \\
2 + 3 &=& 5 \\
3 + 5 &=& 8 \\
5 + 8 &=& 13
\end{array}
$$

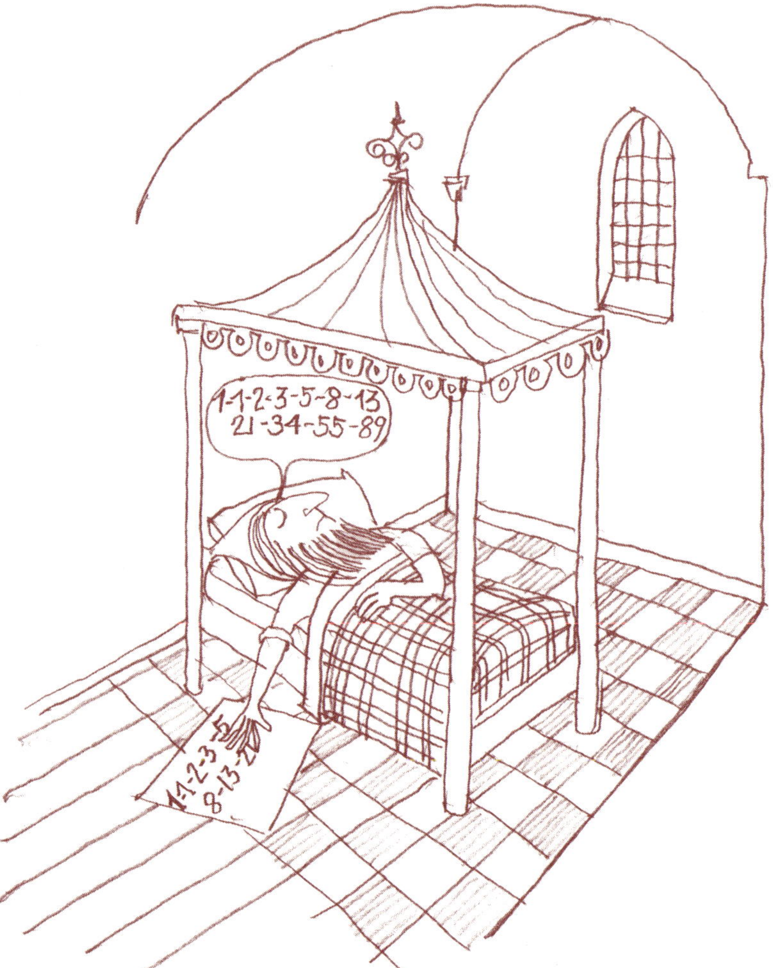
1-1-2-3-5-8-13
21-34-55-89

そのあとはもうわくわくしながら、有名な「フィボナッチの数」をどんどんほいほいあげていきました。

1　1　2　3　5　8　13　21　34　55　89　144　233…

「ねえ、これってどこまでいったら止まるの？」
「どこまでいってもいいんだよ。頭のなかで考えるだけなら、止まらなくたっていいんだ。この数も自然数のように無限なんだからね。でもじっさいには、これも自然数と同じで、かぎられた数しか使われてないけどね。
　フィボナッチの数列がすごく魅力的なのは、自然界のどこでも目にするからなんだ。今度の夏、田舎に行ったらたくさん見せてやろう。花びらにもあるし、マーガレットやひまわりの花にも、松かさのなかの種の配列にもあるんだよ」

chapter 7

25＝11001!?

モールス符号と2進法

　グラツィア先生がインフルエンザにかかったので、弟のクラスには数日前からかわりの先生が来ています。

　フィーロの話によると、かわりの先生は気の毒なことに、18人の一時預かりの子どもたちにあまり慕われていないようです。子どもたちは彼女をよそ者扱いし、何を言ってもうたがってかかるらしいのです。まるですっかり信用できるのは偉大なグラツィア先生だけだと考えているみたいです。弟とわたしが話をしていて、弟の言うことにわたしがうなずかなかったりすると、弟は「グラツィア先生がそう言ったもん」と言って、それからあとはもう何を言っても受けつけないのです。

　そうすると祖父はわたしを慰めようとします。上を向いて手をこすりながら、効果満点のいつもの文句を口にするのです。「グラツィア先生は野蛮人の群れみたいな子どもたちを、先史時代から歴史ある時代へと導いてきたのだよ。先生は文句なしに信頼されている酋長みたいなものなのさ！」

　かわりの先生は何日か格闘した末に、18人の戦士たちの上に立てるようになりました。子どもたちはいまでは酋長の帰りを待ちながら、しぶしぶかわりの先生の言うことを聞いているそうです。

けれどもまだみんなで先生に突っかかったり、だれかひとりがふくれっ面をするようなことはあります。

3日前、フィーロは授業中にひどい腹痛を起こしました。先生の知らせを受けて、祖父は心配しながら学校に弟を迎えに行きました。ところが家の玄関を入ったとたんにおなかの痛みはうそのように消えてしまい、病気のはずの弟は午後いっぱい楽しそうに遊んでいたのです。

昨日はまた同じ先生の授業時間に今度は歯が痛くなり、フィーロは教室にいるのがつらくなりました。けれども家へは帰りませんでした。先生は用務員のおばさんにフィーロを食堂に連れていってもらったのです。授業が終わるころには、おばさんはフィーロがするファンタスティックなお話に頭がくらくらしてしまったそうです。

でも今日フィーロは授業を抜けだすことができませんでした。かわりの先生はもう「片方の肺がおかしい」という弟の言葉などぜんぜんとりあわなかったからです。

何度も授業をさぼったりどこかが痛かったりしていたので、かわりの先生が説明する**2進法**を、弟は線路の保安規定と勘違いしてしまったみたいです。

そこで、弟にとってはグラツィア先生と張りあえるただひとりの人である祖父が、すぐに訂正にかかりました。祖父はなんとモールス符号から話をはじめたのです！

弟がそのことなら知っていると言いたそうな顔で、『初心者のための符号マニュアル』のなかのモールス符号を祖父に見せたとき、祖父は切りだしました。「さて見ればわかるとおり、サムエル・モールスは点と線というたったふたつの記号だけで、できるだけ多くの言葉を書いて電信で伝える方法をうち立てたんだよ。電信も彼が発明したんだ。

もちろん言葉は長くなったよ。たとえばだれでも知ってるSOSという省略記号(しょうりゃく)があるよね。これをモールス符号にかえると9個の記号にもなるんだから。

・・・ーーー・・・

　モールスはやり方をただややこしくしただけみたいだけど、でも遠いところの人と通信するには、2通りの記号を伝える道具さえあれば、メッセージが短時間で送れるんだから便利だよね。この道具は口笛やクラクションや電信と同じで、メッセージを受けとった人と意思がつながる。線は長い音で表して、点は短い音で表すんだよ。文字と文字のあいだには点の3倍の休みを入れ、単語と単語のあいだには点の7倍の休みを入れる。まとめていうと、記号は少ないけれどその分言葉が長くなるシステムと、

記号は多いけれどその分言葉が短くなるシステムがあるってことだね。

 2進法のシステムにも同じことがいえるんだよ。数を書くには0と1の数字しか使わないけれど、そのために10進法よりは長くなる。それならどうして2進法なんか使うのかって言いたいかい？ **2進数**と呼ばれるこの数字は、じっさいに計算機やコンピューターに使われてるんだ。こういう機械は異なったふたつの面だけを使うしくみで動いているからだ。ひとつの面は0という意味をもち、もうひとつの面は1という意味をもっている。

 じゃあ2進法の数を10進法の数に変えるにはどうすればいいかを考えてみよう。君が言ったんだから覚えていると思うけど、10をひとまとめにする（1、10、100、1000というふうに）習慣は、われわれ人間の手の指が10本あるから生まれたんだったよね。でもだからといって計数法はすべて10進法にしなきゃいけないというきまりはもちろんない。もしわれわれの指が5本しかなかったら？　あるいは2本だったら？　そうしたら5や2をひとまとめにするだろうね。

 もしわたしたちの指が2本しかなくて、2から2へとひとまとめにしていくことになったら、1、10、10の10倍、その10倍の10倍となるかわりに、1、2、2の2倍、その2倍、その2倍の2倍というふうになるね。だから10進法で

$$\ldots 1000 \quad 100 \quad 10 \quad 1$$

というのは、

$$\ldots 8 \quad 4 \quad 2 \quad 1$$

となるね。つまり、1、10倍、100倍、1000倍といくところが、1、2倍、4倍、8倍…となるわけだ。

たとえば1101という数は、10進法では

$$1 \times 1000 + 1 \times 100 + 0 \times 10 + 1 \times 1$$

となり、2から2へいく2進法では

$$1 \times 8 + 1 \times 4 + 0 \times 2 + 1 \times 1$$

となる。1の8倍、1の4倍、0の2倍、1の1倍になって、合計が8＋4＋1＝13になるってことだ。覚えていてほしいが、1101は2進法では「せんひゃくいち」とは読まないで、「いちいちぜろいち」と読むんだよ。

さてここで、1から7までの数を2進法で書くとどうなるかやってみよう。

10進法	2進法			
1	1			1の1倍
2	10		1の2倍	0の1倍
3	11		1の2倍	1の1倍
4	100	1の4倍	0の2倍	0の1倍
5	101	1の4倍	0の2倍	1の1倍
6	110	1の4倍	1の2倍	0の1倍
7	111	1の4倍	1の2倍	1の1倍

フィーロはしばらくこの表をにらんでいましたが、それからあること

を思いつきました。「おじいちゃん、ぼくがこれから自分の部屋へ行って、2進法の秘密の数を口笛で吹くからね。おじいちゃんはそれを紙に書いてよ。あたってるかどうかあとで見るから。口笛は短いのが0で長いのが1だよ。ねえ、このゲームっておもしろいよね？」

祖父はノーとは言えませんでした。だから耳が遠いのはさておいて、短い口笛と長い口笛を聞き分けようと、キッチンで全身を耳にしていました。

いうまでもなくフィーロは、しばらくすると2進法のはじめの7数字だけではもの足りなくなり、ほかの数字は2進法ではどう書くのか祖父にたずねたくて、キッチンに戻ってきました。

「おじいちゃん、8は1の8倍だよね、だから位置がひとつ左へ移るんだ。それで4つの数字の数になるんだよね？」

「そうだよ」祖父は口笛が消えて安心したのか、元気よくそう答えました。「8は2進法では1000て書くんだ。じゃあ君に、どんな数でも10進法から2進法に移せるやり方を教えようか。いまから君に言うことは料理のレシピみたいなもんでね、ひとつひとつこなしていくんだよ。これは数学者が**アルゴリズム**と呼ぶタイプのやり方なんだ。いいかい。**移すべき数字を2で割る。あまりはどけておく。この計算の答えをまた2で割り、あまりはどけておく。そうやってわり算の答えが0になるまで続ける。最初から最後までの計算のあまりを書きだせば、2進法の数字になる。**

たとえば25という数字で、レシピじゃなくてアルゴリズムをためしてみようか。

あまり

$25 \div 2 = 12$ 　　1

$12 \div 2 = 6$ 　　0

$6 \div 2 = 3$ 　　0

$3 \div 2 = 1$ 　　1

$1 \div 2 = 0$ 　　1

だから25を2進法で書くと11001になるよね。今度は36を自分でやってごらん！」フィーロは全身の注意力を集めてやりはじめました。わり算を何回かやった末に……とうとう正解の100100をしとめました。「やったね！ チャンピオンだ！」祖父は満足そうな声をあげました。「パチンやろうよ！」フィーロはいろんな色がついた手のひらをいっぱいに広げて、祖父の手のひらをパチンとたたきました。

chapter 8

どこまでいっても割りきれない

無理数の発見

　数日前からフィーロは物々交換(こうかん)に熱をあげています。毎朝学校で、休み時間になると盛大な市が開かれるのだそうです。まるでアラブの国々の広場みたいに、子どもの商人がホールに大勢集まってあらゆるものを交換しあうのです。ゲームとおやつ、おもちゃとゲーム、日用品とおもちゃ、いろんなパーツと日用品、といった具合です。

　そこで弟は、有利な交換ができそうなものなら何でも見つけだそうと、目をきょろつかせながら家のなかを歩きまわり、さまざまなものをあさりはじめました。昨日はミキサーのパッキングがふたつなくなってしまったので、ママがカンカンに怒りました。
「ママ、ごめんね。でもおかげで先史時代の石と交換できたんだよ！」
とフィーロは弁解しました。

　ママはそんな言葉には耳も貸さないで大目玉を食らわせ、それから弟をおどかしました。「これからは毎朝持ち物の検査をしますからね！」
　ママは今朝すでに、マニキュアの除光液の小瓶(こびん)と、鍵(かぎ)のはまった南京(なんきん)錠(じょう)を没収(ぼっしゅう)したのです。
　貪欲(どんよく)な商人はそのかわりに、輪ゴムがいっぱい入った小袋をふたつ、レゴのブロック、おもちゃのピストルの薬莢(やっきょう)、パステルの残りをいくつ

か、拡大鏡、亀の形のエンピツけずり、それに小ぶりの万華鏡などをもって出かけました。ママからしかられたのに、フィーロは今日の取引には自信満々で、元気よく学校へ行ったのです。

　学校から帰ったフィーロのポケットは朝と同じようにふくらんでいましたが、中身はだいたい同じようなものでした。カラフルな輪ゴム、短くなったエンピツ、形のちがうレゴのブロック、おもちゃのカービン銃の弾、分度器、巻き尺、それにミニカーが2台。でも1台はもとから弟がもっていたものでした。

　それでも弟はとても満足そうでした！
交換するもののなかでいちばんの人気はもちろん巻き尺です。フィーロはポケットの中身を全部からにすると、すぐにあちこちを測りはじめました。楽しいのはなんといってもボタンの操作で、そこに手を乗せたとたんに一瞬にしてリボンが巻かれ、まるで蛇がねぐらに隠れるみたいにもとに納まってしまいます。

　巻き尺が家のなかでヒューヒュー音をたてるのを聞きながら、祖父はその遊びにある意味を、数学的な意味を与えてみようと思いました。キッチンで野菜入りのパイを熱心につくっているとき、祖父はフィーロを捕まえて、とうとういつもの気楽な先生役をはじめました。話題はグラツィア先生がしばらく前に教えた10進法の数と、それから計測です。
「この壁の長さを測ってみようよ！」おじいさん先生はまずそう言いました。

　祖父が言うのには、**測る**というのは、未知の長さや重さを**計測単位**と呼ばれるすでに知られているものと比較することだそうです。そうすることによって、測るものが計測単位の何倍になっているかを示す数字を引きだすのです。

「知ってる、知ってる」フィーロがうなずきました。「グラツィア先生が言ってたけど、むかしの人は測る道具をいつも身につけていたんだって。よそへ行くときにもだよ。たとえば親指とか、腕とか、手のひらとかがそうだったんだ！　だけどね、何を測ろうとしてもけんかになったんだって！　だからそれからみんなで相談して、だれもが**メートル**という同じ単位を使うようになったんだってさ。メートルという言葉は、ギリシャではそのものずばり**尺度**っていう意味だったんだ。ここの壁は4メートルだけど、それはこの長さのなかに**メートル**がきっちり4つ分納まるからだよ」

「そのとおりだ！　でも問題はね」祖父は話を引き継ぎました。「測る長さのなかに何回分かの**メートル**がきちんと納まらない場合なんだ。たとえばこのテーブルの表面は、ひとつの側が1メートルよりは長いけど2メートルよりは短いね。

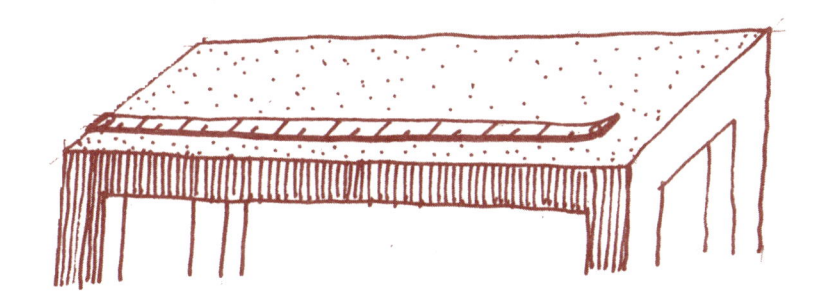

　こんなときには、残った部分も測るために、メートルより小さい計測単位をきめなければならない。ここでもまた、われわれは10を好むし便利だしということで、新しい計測単位をつくるかわりに、メートルを10の部分に分けて、そのひとつずつを**デシメートル**と呼んで使ってるんだよ。

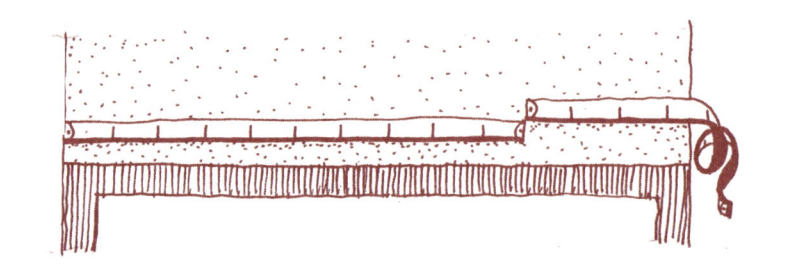

これでデシメートルにすれば13個分あるってことはわかったけど、それでもまだ残っている部分があるよね。それについてはいまはまだ考えないでおこう。テーブルの長さと**メートル**との対比は、つまり13と10の対比は、こうやって表せるよね。

$$\frac{13}{10}$$

　これは10分の13って読むね。数学者はこれを13と10との**比**とか**分数**などと呼ぶんだよ。

　したがってこのテーブルの長さは、いまのところは1メートルの10分の1が13個と、残りということだ。今度のは前に測ったのよりは正確だね。なぜってまだ測ってないところは前より少なくなっているんだから。でもまだまったく正確とはいえない。そこでこのもっと小さい部

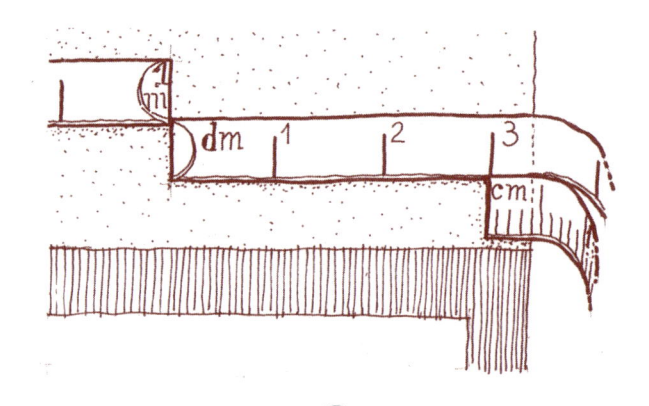

分をさらに小さい単位で測ってみよう。それは、デシメートルを10個に分けてできた**センチメートル**という単位だ。

これでとうとう**メートル**の一部であるセンチメートルにたどり着いたね。これがいま測っている長さのなかに全部で134回分出てくるわけだ。テーブルの長さと**メートル**との対比を表すとこうなるね。

$$\frac{134}{100}$$

これがテーブルの長さになるんだ」

「でもグラツィア先生は言ってたよ」フィーロがすかさず口を出しました。「そうやって書くかわりにこうも書けるって。

$$1.34$$

このほうが場所と時間が節約できるじゃない！」

「なるほどね！」祖父は笑いました。長い説明をそんなに注意深く聞いてくれる弟子がいて、とても幸せだったのです。「点がついたこの**小数**という数は、計測の結果を表すにはもってこいなんだよ。点の右側の数字は計測単位の10分の1を示し、その右の数はその10分の1を示し、さらに右の数は……というふうに進んでいくんだ。そうやって考えるとね、右から左へたどった場合には、それぞれの位置の数は前の位置の数の10倍になっているんだよね。

この驚くべき計数システムは、量だけでなく大きさを表すにも、つまりある計測単位との比較を表す場合に、きわめて便利だということだね」

「それならメジャーさえあれば、短くても長くても、どんな長さでも測

れるってことなんだね？」フィーロはそう言うと、メジャーをとってまた何かを測ってみようと、いまにも立ちあがりそうでした。

　祖父は孫がそう考えるとは思ってもいなかったので、ちょっとまごついたみたいでした。そして有頂天になっている孫をがっかりさせるのと、新しい秘密を明かすのと、どっちにしようかと迷っていました。それから勇気を出して大きなため息をつくと、またはじめました。「さて、センチメートルを使ってもまだ少しだけ長さが残ってしまったら、今度はセンチメートルを10で割って、**ミリメートル**という単位に直すんだ。そうすると小数点以下に3つの数字がある数になるね。それでもまだ、すごく短いけれど測るところが残ってしまったら、ミリメートルも10で割って、ミリメートルの10分の1で測る。そうすると小数点以下に数字が4つある数値が得られる、というわけなんだ。そうやっていったら、たとえどんなに小さい部分になっても、単位のいくつ分だかになって、測る長さのなかにいつかはきちんと納まると思わないかい？」

「そりゃ……いつかは納まるだろうね！」

「でもあいにく、そううまくいくとはかぎらないんだよ！　それにはじめて気がついたのは、あの有名なピタゴラスの弟子たちだった。彼らも、どこまでいっても答えが出てこない数量というのにはじめて出会ったとき、気の毒にわたしがいま言ったように考えたんだね。でも測る単位を10で割って小数点以下に最後の数字をいくら加えていっても、まだ測っていないところがほんのちょっとだけ残ってしまった」

「それなら」とフィーロはむずかしい顔をして言いました。「数にも終わりがないってことなの！」

「そうなんだ。小数点以下にかぎりない数字がつく数というのもあるんだよ」

「でも」フィーロは鼻を鳴らしました。「ぼくたちにはそんなに小さいところまで見分けられる目なんかないじゃん！」

「もちろんそんな目はないよ。いくら測っても残ってしまう小さな部分を見るのは、顔についてる目じゃなくて、頭のなかの目、つまり思考力なんだよ！　あと1、2年もすれば君にも見えるようになる。これは数学の証明のなかでもいちばん簡単で魅力的な部類なんだ」

「その測れないものっていうのには、どんなものがあるの？」

「1辺が1メートルの正方形の対角線がそうだ。じっさい正方形の対角線と辺は**通約不可能**（分数で表すことが不可能）と言ってね、同じ計測単位では測れないんだよ。

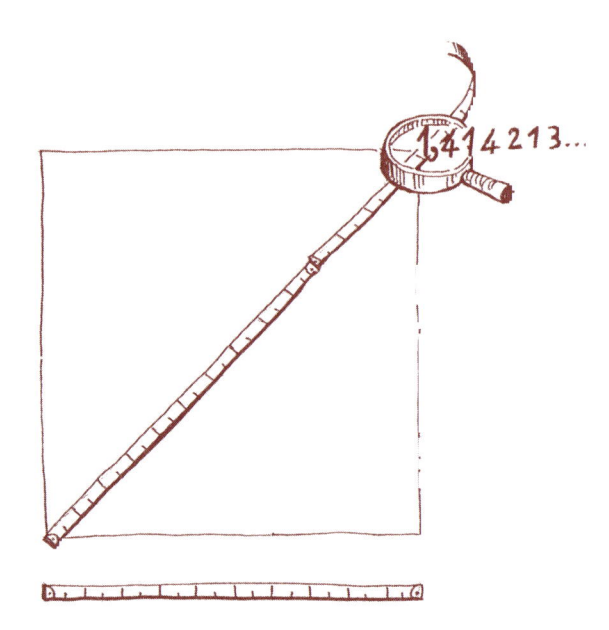

いいかい、対角線の長さは1.414213...メートルでね、さいごの...のところは数字が終わらないというしるしなんだ！
　数学者はこうした数字を**無理数**と呼ぶんだが、つまり理屈に合わないとか、比や分数などで割りきることができないということだ」
フィーロはびっくりして、はじめてちょっと信じられない気持ちになり、祖父の言葉に首をかしげました。
「いいかい」フィーロが納得できないという顔をしているので、祖父は続けました。「君が驚くのも無理はない。こうした数の発見は数学者たちの考え方も危うくしてしまったんだから。じっさいすごい騒ぎになったんだ。彼らは度肝を抜かれてぽかんとしてしまった。天文学者が、地球が太陽のまわりをまわっているのであってその逆ではない、と気づいたときみたいだったろうね。まったく科学の世界ではそれまでにない一大革命だったんだから。

メタポントのヒッパソス

　ピタゴラス派の人たちがどんなに困ったか想像してごらん。彼らは考えてたんだ、それぞれの部分は彼らが**モナド**と呼んだ個々の点が無数に集まったもので、点のひとつひとつはくっついているから、それ以上は分割できないものなんだって。だから、それでも分割していけばいつかは小さな部分に行きあたり、それはほんとに点でしかないかもしれないけれど、それでも辺や対角線を測る単位にはなるだろう、って彼らが考えたとしても不思議はなかったんだよ。

　ピタゴラス派の人たちは無理数の発見にびっくり仰天したので、そのことは秘密にしておこうとした。そのために、彼らの仲間でその発見の張本人であったメタポントのヒッパソスを殺しちゃったらしいんだよ。さいわいなことに、のちにプラトンがすっきり整理してくれた。紀元前5世紀のギリシャの偉大な哲学者であった彼は言ったのさ。紙や木でできた正方形のような具体的なものが一方にあるけれど、また一方には、われわれの頭のなかだけにある正方形のような抽象的なものもあるんだって。無理数っていうのは、われわれの頭のなかにある正方形を測るためのものなんだよ！」

chapter 9

数字がなくても計算できる

文字式を使おう

　弟はまた新しいことに夢中になっています。今度はわが家の会計係になったのです。

　弟は借りと貸しの計算の仕方を学校で教わると、家計の収入と支出を記録しようと、小さなノートを用意しました。
「みんなの会計をぼくがしっかり管理するっていうのはどう？」フィーロはまじめにそう提案しました。「そのかわりに1週間のお小遣いを10000リラ（約600円）だけよけいにもらえればいいよ。それでいい？」

　黙っていることは賛成したということです。そこで弟は2日前に、自分で考えた「雇用契約」をママととりきめました。弟はすぐに仕事にかかり、何ページも支出ばかりで埋めたあとで祖父にそっと耳打ちしました。「ねえ、おじいちゃん、大変なことになってるんだ……あるのは支出ばかりなんだよ！」

　でもさいわいなことに、もうこれ以上どうにもならないというときになって、収入があることがわかったのです。わが家の会計係はたちまち元気になりました。

「ねえ、ぼくがどうやって計算してるか知ってる？」弟はノートをもって祖父のそばへ行きました。「簡単だよ、支出は前に**マイナス**の記号をつけて書いて、収入のほうには**プラス**の記号をつけるんだ。だからー100って書いてあったら、支出が100リラということで、＋100って書いてあったら100リラの収入があったってことなんだ。でもグラツィア先生が言ってたけど、＋のしるしは書かなくてもいいんだって。

　たし算は簡単だよ。ある収入にほかの収入を加えたら収入がふえるよね。支出に別の支出を加えれば支出がふえるよね。でもね、収入に支出を加えなきゃいけないとこんがらかるんだよ」

「そんなむずかしいことはどうやって解決してるの？」祖父は早く自分の出番がこないかとうずうずしながらそうたずねました。

「支出を収入で埋めあわせてみようか」フィーロはすかさず言いました。「たしかにゼロになることはあるよ。たとえば－10に＋10を足したらゼロになるよね。でも収入のほうが多ければ、支出に少しは削られても、やっぱり黒字だよね。－7に＋10を足したら＋3になるわけだから。でも支出のほうが多くても、赤字にはちがいないけど、赤字はちょっとは減るよね。たとえば＋2に－10を足せば－8になるんだから」

フィーロはそう言いながら家計簿から頭をあげると、祖父に同意を求めました。「すごくはっきりしてるよね。グラツィア先生が言ってたけど、こういう数のこと、むかしは**ばかげた数**って言ってたんだって……でもばかげていると思う？」

「いやごくまともな数だと思うね。それにとても役に立つよ」

「うん、グラツィア先生もすごく役に立つって言ってたよ。たとえば温度が零度より高いか低いか、高さが海抜ゼロメートルより上か下か、紀元前か紀元後か、いまより前の時代かあとの時代かとか……」

「じゃあ、それを最初に使いだした数学者になったと考えてみよう」祖父はうれしそうに講義をはじめました。「前にしるしがある数なんて、かなりへんてこに見えたにちがいないよね！　これも発明したのはインド人で、インドの会計係だったんだ。彼らは紀元後6世紀からもうこれを使っていた。

それから約1000年あとにヨーロッパでも使われるようになったんだが、この奇妙な数は経済の収支を計算するという実際的な作業に打ってつけだったんだよ。でも数そのものは、ラテン語で言う、ちょっと……**ばかげた**ものに見えたんだ。

じっさい数学者にとっては、数というのは計算するための抽象的なものにすぎないわけだが、しかしこの「ばかげた」数を使ってわり算やかけ算をするにはどうしたらいいかだ。
　さて、ばかげた数をどこから見ても数らしい数にするには、そのための規則をつくらなければならなかった。どんな計算でも前にある記号を有効に使うためにね。それでこういう数は**相対数**（正負の符号がついた数）と呼ばれるようになったんだよ。なぜってこういう数の価値はゼロに対して占める位置によって、つまりゼロより前か後ろかによってきまるわけだから。
　前にある記号のための規則は、自然数や小数の計算が前からもっている特性を変えないようにつくられている。このことは数年もしたら君も習うと思うよ。
　こうして数の世界は広がっていった。その歴史は短くはなかった。は

じめは自然数しかなくて、それを使って初歩的な4つの計算をやっていた。でもそれでは、いつもうまくいくとはかぎらなかった。じっさいたし算やかけ算では問題はぜんぜんなくても（答えはいつも自然数になったからね）、わり算やひき算はできないことがあった。たとえば5÷2とか5−8みたいにね。

　こうした計算にいつも答えを出すには、新しいタイプの数をつくりだす必要があった。それが**小数**で、これを使えばわり算はいつでもできた。たとえば、

$$5 \div 2 = 2.5$$

のようにね。それから負の数も発明されると、どんなひき算もできるようになった。

$$5 - 8 = -3$$

　がそうだね。数の大家族に新しい数が入ると、その数はすでにある計算のための規則に従わなければならないんだ」
「おじいちゃん、数の世界ってなんて面倒(めんどう)なんだろうね！　新しい数はいつも規則に合わせなければならなくて、ぼくら子どもたちはいつも新しい数の計算を覚えなければならないなんて。はじめのうちグラツィア先生はノートに自然数ばかり書かせていたけど、それから小数も書かせるようになった。今度はおじいちゃんが、相対数まで使って計算しろって言うんだから……。いったいいつまで新しい数が出てくるの？　これじゃ遊ぶ時間もなくなっちゃうよ」

「心配することないよ。四則演算はじつにしっかりしていて、答えはかならず出るんだから」

「おじいちゃん、ぼくが心配してるのは答えが出ないってことじゃないよ。宿題が山ほどになっちゃうってことなんだよ！ それでこの新しい数を使った計算って、何かのためにはなるわけ？」

「もちろんすごく役に立つんだよ。この計算は、はじめは数学者の頭のなかでの抽象的なゲームにすぎないように見えても、そのうちに、毎日の暮らしのなかで出くわす問題の状況(じょうきょう)をはっきり教えてくれたりするんだから。

　じっさいのところ、ふえ続ける一方の問題をつかんだり解決したりするのに、数学者は想像力をフルに働かせているんだよ。しまいには数じゃない数まで考えついてしまったほどなんだ！」

「それって冗談(じょうだん)？」

「冗談どころか大まじめさ。説明しようか。彼らは、いつかは数になるけどはじめはただの記号でしかないもので計算することを思いついたんだ。いいかい、見ててごらん。ひとつ長方形を描いてみよう。縦の長さをaとして横の長さをbとする。

見てわかるようにaとbは文字だよね。でもこのふたつは、長さを測ればすぐに数字に直せるわけさ。

さてこの長方形の周囲の長さを知りたいとする。そうしたらこうなるね。

$$a+b+a+b$$

つまり a の 2 倍と b の 2 倍なんだから

$$2a+2b$$

だよね。数字のかわりに文字を使うとどうして都合がいいかというと、文字で書いた場合は、あるきまった長方形の周囲の長さではなくて、**どんな長方形の**周囲の長さにもなるからなんだ。

　それからこの長方形が庭で、周囲に囲いをつくるとする。メートルで測るとして、1メートルのフェンスの代金が c だとすると、かかる費用を出すにはこうすればいい。

$$c\times(2a+2b)$$

かけ算の記号はふつうは書かないからこうなるね。

$$c(2a+2b)$$

　それからもし庭の持ち主が 4 人いたら、費用は 4 人で分担するから、それぞれが払うお金はこうなる。

$$c(2a+2b)\div 4$$

500年前に勇気を出して数字のかわりに文字を使った数学者は、この種の計算のための規則も編みだしたんだ。この規則は、ラテン語で記号を意味する **species** から、**記号計算 arithmetica speciosa** と呼ばれていた。いまでは**代数計算**って呼ばれてるけどね」

chapter 10

ミスターXの正体をあばけ！

方程式を解く

「今日は学校で何をしたの？」学校が休みでない日には、この質問がまるでのどかな原っぱに隠れたとげのように弟を待ち伏せしています。

祖父はこの質問をせずにはいられなくて、毎日つい口に出してしまいます。弟を迎えに学校の門のところまで行くと、どうしてもその日のことが知りたくなるのです。家に着くまで我慢していることもありますが。フィーロはフィーロで、休み時間の遊びのことを何から何まで話します。新しい遊び、いつもの遊び、カードのやりとり、わくわくする物々交換、女の子へのからかいとか。小学校にあがったばかりのころから正直に言っていたように、フィーロにとって休み時間はいまでも「とっておきの時間」なのです。幼稚園のころには「休み時間しかなかった」と言っています。

だから祖父はまずその話をいやというほど聞かされるのですが、それからきまったようにつぎの質問に移ります。「それで授業中にはいったいどんなことをしたの？」

祖父はただ知りたいだけではないのです。長年情熱的にとり組んできた教師の仕事が懐かしくてしかたがないのです。あるとき祖父は、むかしの思い出話を夢中でしながら、もうじき教師をやめる年齢になっても、

学年のはじめに新しい生徒たちを迎えるときには、いつでも胸が高鳴ったと言いました。
「学年がはじまった日にはね、生徒たちの目に意欲と期待がみなぎっているんだ。それを見てわたしは魔法使いになれたらいいと思ったものだよ。彼らのやる気をなくさないでいられるように、期待を裏切らないでいられるようにね」

　祖父が魔法使いでなかったことはたしかだけれど、でも魔力はじゅうぶんもっていたと思います。さもなかったら生徒たちがおとなになってからもいつまでも祖父を慕い、訪ねてきてくれはしないでしょうから。
　祖父が弟に質問をして2番めにもらう返事はいつもきまっています。

「おもしろいことはいろいろしたけどね、それが何かはお楽しみだから、まだおじいちゃんには言えないな！」

　祖父が先生から聞いたところでは、年間の作業プランのなかに「お楽しみ」として出てくるのは、クリスマスや復活祭や父母の日のためにつくる手づくりの品なのです。張り子で形をとった額とか、色つきの石こうに貝殻をちりばめた灰皿とか、カラフルなマカロニの真珠がついたネックレスとか……。でもフィーロはいつでもその日にならないうちにばらしてしまうので、そんな手づくりの品に驚くことはあまりないのです。とにかく新しく加わった手芸品（なかでもすばらしいのは父が若いときにつくったマッチ棒の帆かけ船です）はどれも、みんなに大歓迎されたあとは、キッチンの棚の、家族がつくった品物をおくところに納まってしまいます。

　こんな調子なので、祖父は学校でのことをまじめにたずねたかったら、そのたびに大汗をかかなければなりません。でも昨日はとくべつ頭を痛める必要もありませんでした。フィーロが、「**ミスターXの正体をあばけ！**」　というとっておきの話を、たずねなくてもはじめたからです。
「今日はグラツィア先生が探偵ごっこをやらせたんだよ！　ある数の正体を突きとめるんだけどね、その数はミスターXといって、見破られないようにいろんな工夫がされてるんだ。だからまるで別の数みたいに見えるんだよ。でもぼくらは少しずつ正体をあばいていった。まずいろんなサインを集めて、どんなやつかを書きだした。それからそいつをばっちり捕まえたんだ。おじいちゃん、やってみたくない？　どうやるか教えてあげるね！」フィーロはそう言うと、祖父の返事も待たないで解き方を最初から並べはじめました。

「まずミスターXっていう人がいて、その人ははじめは2倍になって、それから自分に3を足すんだ。そうするともうその人じゃなくなって21になっちゃう。その正体をあばくには、まずあらゆる手がかりを書きだすんだ。**Xの2倍に3を足すと21になる**っていうのは、数学ではこう書くんだって。

$$X \times 2 + 3 = 21$$

それから変装に使った服をはいでいくんだ。ミスターXが最後に着た服はどれか？ Xは3を**足した**んだよね。だからまずイコールの記号の左右から3を**引いちゃう**。

$$X \times 2 + 3 - 3 = 21 - 3$$

そうするとこうなる。

$$X \times 2 = 18$$

　その前にはどんな変装をしただろうか。ミスターXに2を**かけた**。よしそれならイコールの記号の左も右も2で**割って**やろう。

$$X \times 2 \div 2 = 18 \div 2$$

これを計算すればXの正体がわかるんだ。

$$X = 9$$

　ね、これで服がなくなったから、計算も終わった。つまりミスターXは9だってわかったんだ！ 9を2倍して3を足せばほんとに21になるもんね。
　こうやって数をはいでいくんだよ！　これってぼくらが服を脱ぐときと同じだって、グラツィア先生が言ってたよ。服を着るときはまずシャツを着てからセーターを着るよね。それで脱ぐときにはまずセーターを脱いでからシャツを脱ぐでしょ？　だから**逆の順序で逆の計算を**すればいいんだって。でも忘れちゃいけないのは、イコールの左側と右側で同じ操作をすることなんだよ！　先生も言ってたけど、変装した人は釣りあいのとれたふたつのお皿がのったはかりみたいなものなんだ。ねえ、見て。

釣りあいをとっておくには、片方のお皿で何かしたら、もうひとつのお皿でも同じことをしなきゃいけないよね。おじいちゃんも知ってると思うけど、かけ算とわり算はどっちにとっても逆の操作で、たし算とひき算もそうなんだ」

「そのとおりだよ。上出来だ、すごいよ！　それにしてもグラツィア先生っていうのはやり手だね！」祖父はにやにやして頭をかきながら言いました。「ストリップみたいなゲームで、君らになんと方程式を教えようっていうんだから！

　君らがミスターXの手がかりって言う

$$X \times 2 + 3 = 21$$

は数学では**方程式**と言ってね、それを解くには、Xの場所にそれを入れればイコールの左右が等しくなる数を見つけるんだよ。その数は**解**と呼ばれるんだけど、それを見つけるには、Xが変装に使ったのと逆の計算をすればいいのさ、まさに君がやったようにね！

　方程式といえば、かの有名なアル・フワーリズミーを覚えているかい？　アルゴリズムという言葉のもとになった人だ。彼は方程式の研究者でね、西暦825年という遠いむかしに、『方程式の計算法概要』(Kitab al giabr w'al muqabala) という、方程式を解くための本を書いた。よ

く見るとね、この本を書いた人の幸運がタイトルのなかに読みとれるんだ。タイトルのつづりの一部であるalとgiabrが、数学のとても大事な部分を占める**代数学**（**algebra**）になったんだから」

「知ってる知ってる。ファビオっていう子が、中学３年生なんだけど、代数学を勉強するんだって大いばりで言ってるもん。代数学みたいなむずかしいことを勉強しなければエンジニアにはなれないって。

あいつならなれるよ。でもぼくは言ってやったんだ、エンジニアなんかになりたくはないってね。アレッシオとアルベルトとトートと一緒に消防隊をつくることにしたんだから。まだはじめたばかりだけど、でもきっとうまくいくよ。いまのところは、もし大きな火事でもあったら消防士に助けてもらえばいいよね。いい考えだと思わない？」

chapter 11

ピラミッドの高さは
棒1本で測れる

相似(そうじ)という便利な理論(りろん)

　リンダはママのいちばん仲のいい友達のひとり娘です。よくわたしの家へ来て、ママたちがおしゃべりしているあいだ、フィーロと一緒に遊んでいます。フィーロより2歳半年下のその子は、利口そうな大きな目をしています。

　リンダがまだ小さかったころ、フィーロはとてもよく面倒を見ていました。哺乳瓶(ほにゅうびん)を渡したり、ベビーカーを押したりして、まるでお兄さんみたいでした。

　「今日はすごく寒いから、たくさんかけてやろうよ。家のなかでも寒いんだから！」冬のある日フィーロはそう言いながら、リンダを羽布団(はねぶとん)に埋めてしまいました。リンダは息もできないほどだったのに、それでもうれしそうに笑っていました。そのころのふたりは息がぴったり合っていました。

　でもそれからリンダが3歳か4歳になると、うまくいかなくなりました。「リンダ、銃はそうやってもつんじゃないんだよ。それじゃ反対じゃないか！」リンダがめちゃくちゃなのにがっかりして、フィーロはがみがみ言いました。またあるときも言いました。「もっと練習してよ。さもないと超音速ジェットの音なんていつまでたっても出せないよ！」

フィーロはこんなことも言いました。「ぼくがジャングルのなかで命が危なくなったって、君はそうやって小さな真珠のブレスレットのことなんかぼんやり考えてるの!?」
　というわけで、ふたりの道は分かれるようになっているみたいでした。いつも仲裁ばかり頼まれるので、ママたちは落ちついておしゃべりもできないほどだったのです。
　でも近ごろは風向きがよくなってきました。フィーロがまるで科学についての物知り博士になったみたいな顔をして「かわいい子」を相手にしはじめたからです。ふたりでいるときに弟が得意になって使う知識は、大好きな科学もののドキュメンタリー番組とか、「1000の質問、1000の答え」のたぐいのさまざまな本とか、ふいに入る祖父の講義などからかき集めたものなのです。弟の説明はいつもしっかり筋が通っていて、例や反対の例も数多いので、それでもリンダがうんと言わないと、「もう友達になってやらないからね」とおどかしたりします。
　一時期「いん石とそれに類したもの」にすっかり夢中になっていた弟は、つぎには「ディノザウルスの卵の化石」に燃えていました。いまではわが家のちび先生は「環境破壊」のことで頭がいっぱいなのです。弟は環境破壊について、祖父とまったく同じ不安を抱いています。「オゾンホールっていうのはすごく恐ろしいんだよ、リンダ。地球全体にものすごく大きなダメージを与えるんだから。紫外線が地球めがけて飛んできて船が燃えあがり、その拍子に船が氷山にぶつかったとする。そうしたら氷山が割れて大むかしのバクテリアがそこからばらまかれる。だれか泳いでいた人がそれを飲みこんだら、その人が浜辺に着いたとたんにみんなに伝染して、しまいには人類が滅亡しちゃうんだよ！」
　「あたしたちも？」リンダは心配そうにたずねました。でもそれでは自

分のことしか考えていないみたいだと思ったのか、すぐに黙ってしまいました。

今日リンダが来たとき、弟は地理の復習をしていました。だから急いで挨拶をすると、また復習をはじめました。リンダはフィーロが勉強を終えるまで、隣におとなしく座っていました。

とうとう注意深い聞き手が現れたので、フィーロは俳優になったみたいに、ちょっと得意そうな声で暗記をはじめました。「イタリアの北部にはマッジョーレ湖とガルダ湖といういちばん大きな湖があります。中部にはそれより小さい湖の、トラジメーノ湖とブラッチャーノ湖と……ローマの近くにはカンピドリオ湖があります。南部には……」

「カンピドリオは湖じゃないよ！」祖父が半開きになったドアから顔をのぞかせてそう言いました。

「でもローマを野蛮人から救ったのはカンピドリオのガチョウだったじゃない。カンピドリオが湖じゃなかったら、ガチョウがいっぱいいたの

はどうしてなの？」

　祖父は熱心な聞き手の信頼をそこねないように気をつけながら、フィーロの頭のなかを整理してやりました。

　一方山地については問題はありませんでした。「おじいちゃん、アルプスとアペニン山脈のいちばん高い山なら知ってるよ、どっちも登ったことがあるから。4800メートルのモンブランと、2900メートルのコルノ・グランデだよね。エトナは3300メートルだけど、大陸にある山じゃないから……。でもおじいちゃん、山の高さってどうやって測るの？ 頂上からいちばん下まで穴を掘ることなんかできないから、とびきり頭のいいやり方があるはずなんだよね……」

「そのとおりだよ！　背の高いものを測ることはむかしから一大問題だったんだ。それに成功した人は抜群(ばつぐん)の知恵者だと有名になった。いまでも有名なのは、紀元前6世紀にミレトスの賢人タレスがファラオの求めに応じてクフ王のピラミッドの高さを測った方法だ。タレスがいったいどんな手の込んだことを思いつくかと、みんなはわくわくして待っていた。

ところが彼がもってきたのは１本の棒だったんだ。その日はエジプトによくある雲ひとつない日よりだった。タレスは棒を地面に垂直に立てると、棒の影が棒と同じ長さになるのを待った。それから『ピラミッドの影の長さを測れ』と彼は言った。『いまの影の長さがピラミッドの高さになるのだ』ファラオの使いはピラミッドの影の長さを測り、それに（影の一部に入っている）底辺の半分の長さを足した。そうやってとうとう巨大な記念物の高さを測っちゃったのさ」
「かっこいいね！　でもそれならぼくたちだって、ビルとか塔なんかの高いものを、のぼらなくても測れるよね」
「もちろんだよ。そのうえ棒の影が棒と同じ長さになるのを待つ必要もないんだ。だって影の長さが半分なら、測りたいものの影も、そのものの半分のはずだからね。影の長さが棒の３分の１なら、測りたいものの影の長さも３分の１だよね。タレスのすばらしいひらめきのもとになったのは、ギリシャ人がよく知っていた**相似理論**というとても有名な理論なのだ。説明してみようか。
　このふたつの三角形は、塔と棒におよぼす太陽光線の効果を図にしたものだけど、このふたつは相似なんだよ。

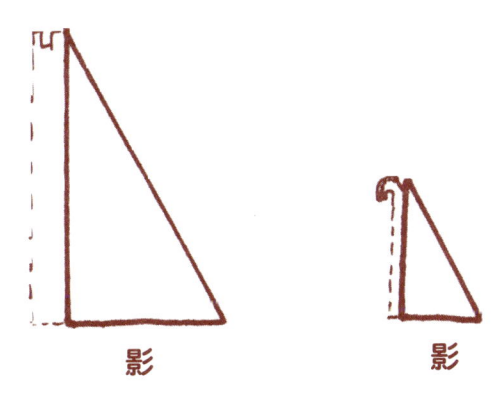

影　　　　　　　影

まるで一方の三角形はもう一方の三角形をただ大きくしただけみたいだよね。形は同じで、ちがうのは大きさだけなんだから。
　さてこのような三角形では、**対応する辺の比はいつも一定**だ。たとえば小さいほうの三角形で高さと底辺の比が5なら、大きいほうの三角形でも5なんだ。いま小さいほうの三角形で、高さと底辺の長さがそれぞれ10と2だとする。それで大きいほうの三角形の底辺の長さが8だとすると、計算はじつに簡単で、大きい三角形の高さは40になるんだよ。
　じっさい両方の比を等しくする数は40しかないよね。つまりこうだ。

$$\frac{10}{2} = \frac{40}{8}$$

両方の比が等しいことはこうも書けるんだ。

$$10 : 2 = 40 : 8$$

　数学者はこうやって書いたものを**比例式**と呼んで、**10対2は40対8**という読み方をしてる。10と8は外側にあるから**外項**(がいこう)といって、2と40は内側にあるから**内項**(ないこう)という。どの比例式でも、**内項の積はつねに外項の積に等しい**、っていうんだ。だから4つの項のうちのひとつがなくてもすぐに出せるよね。やってみてごらん。点線のところに正しい数字を入れてごらん。

$$15 : \ldots = 6 : 4$$

さてどうなるかな！」

　祖父が説明しているあいだ、リンダの大きい目は祖父とフィーロのあいだを行ったり来たりしていました。その変な話をどっちかが早く終わらせてくれればいいと思っていたのです。でも祖父が問題を出したからには、いつも連れ歩いているお人形に哺乳瓶をあげて待っていなければなりません。大好きな遊び相手の頭にはおかしな数のことしかないのですから！

「15×4は、ええと、60だ。だからわからない数に6をかけたら60にならなきゃいけないんだよね。それでその数を出すには60÷6をすればいいんだから、10だ。あってる？」

「大あたりだよ！」

「おじいちゃん、このタレスって人、ぼく好きになったよ。でも山の高さはその人のやり方じゃ出せないよね。だって山の影なんか測れないもん！」

「そのとおりだ。この問題を解くには相似三角形のほかに、三角法についても少しは知る必要があるんだ。三角法っていうのは三角形の角と辺の関係を研究する分野なんだけどね。三角法がわかれば結ぶのが無理な地点のあいだの距離も測れる。山の頂上とふもととか、山でへだたったふたつの村のあいだとか、ふたつの星とか、海のまんなかにいる船と港とかね。君も数年のうちにはこういうことを習うだろう」

「でもグラツィア先生は比例式の使い方なら教えてくれたよ、バーゲンセールのゲームっていうので。さっき言った……なんて言ったっけ……あの数、**外側**と**内側**？　その数のことは教えてくれなかったけど」

「**外項**と**内項**だ……ところでバーゲンセールのゲームってどういうの？」

「あのね、いまはどこのお店でもバーゲンセールやってるのは知ってる？　うん、つまり割引きしてもらって買ったり売ったりするゲームなんだよ。たとえばトンマーゾにかっこいいボクシング用のグローブを売ったとするよね。値段ははじめは20000リラだったんだけど、30パーセントおまけしたんだ。それでトンマーゾに、いくら得をした？ってたずねるんだよ。それがわかれば、今度はトンマーゾのほうがぼくに何かを売れるよね。ここに書いてみようか。

100：30＝20000：おまけする金額

　お店は正直でなきゃいけないよね。もしある品物が高ければ、値引きもそれだけ多いはずだ。高くなければ値引きも少ない。つまり全部比例するわけだよね。
　それでトンマーゾがした計算っていうのは、

おまけする金額＝30×20000÷100

答えは6000リラだ」
「じゃあ、あたしたちも売ったり買ったりするゲームをしようよ……でもおまけっていうのはしないで！」それまでしびれを切らしていたリンダが、やっとおそるおそる声をあげました。

chapter 12

自然数と偶数ではどっちが多い？

有限と無限

「ねえ、グラツィア先生は病気をしてから前と同じじゃなくなっちゃったんだ。おかしなことを言うんだよ。今日なんかね、こんなこと言ったんだ。『自然数と偶数ではどっちが多いですか？』だって。そんなことわざわざたずねなくたっていいのに。よく考えて明日までに答えを出しなさい、だってさ。でも考えなくたってわかってるよ。自然数にきまってるじゃん。だって偶数は全部の数の一部でしかなくて、奇数だって同じだけあるんだから！」

　今度ばかりは祖父の負けかもしれないとわたしは思いました。じっさい弟の自信は揺るぎそうもなかったのです。でもしまいには老先生がいいことを思いつきました。祖父はフィーロをキッチンに連れていって、一緒にテーブルの準備をしました。それから弟にたずねました。「席はいくつ用意した？」

「5つだよ。みんなで5人だから席も5つじゃない……。ねえ、おじいちゃんもわかりきった質問して楽しんでるの？」

「うん、みんなで5人だから席も5つだよね。それぞれの席がわたしたちひとりひとりので、ひとりひとりにそれぞれの席があるんだから。つまり、席と人とのあいだには**1対1の対応**がある。ふたつのもののあい

だに1対1の対応があるときはいつでも、それらは同じ数の要素をもっていると考えることができるね。10本の指で数える場合などがそのいい例だ。それぞれの指はひとつのものと結びつくだろ？　指を10本全部使ったとすれば、数えるものは10個あったというわけだ。

　もうひとつ例をあげようか。君のクラスは全部で何人？」

「18人」

「君らのひとりひとりが席をひとつもっていて、それぞれの席はひとりの子どものものなんだね。もしそうなら、席も18あるわけだ」

「うん、そうだよ。18あるよ」

「ここまではよくわかるよね。今度はこの図を見てごらん。

```
 1   2   3   4   5   6  …
 ↕   ↕   ↕   ↕   ↕   ↕
 2   4   6   8  10  12  …
```

それぞれの自然数に偶数（自然数の2倍の数）が対応していて、それぞれの偶数に自然数（偶数の半分の数）が対応してる。ということは、自然数は偶数と同じ数だけあるってことだね！」

　フィーロは信じられないような顔で、どこかにトリックがあるにちがいないと、目をこらしていました。祖父はもしかしたら、グラツィア先生とグルになってるんじゃないだろうかと。

「驚くのも無理はないよ」祖父が言いました。「部分は全体より少ないって考えるのがふつうだもんね。でもそれは全体のなかの要素の数が**かぎられている**場合だけだ。全体が**かぎりない**ときには考え方を変えなければならないんだよ。これにはあの偉大なガリレオもびっくりしたんだ。彼は中心は同じだが一方の円周の長さがもう一方の2倍になるよう

なふたつの円を考えた。

　彼は半径をいくつか描いて、一方の円のある点ともう一方の円のある点とを結んだ。そうしたらふたつの円周上の点のひとつとひとつが対応したから、このふたつの円周には同じ数の点があるのだと考えないわけにはいかなくなった。一方の円周の長さはもう一方の円周の2倍もあるのにだよ！　そして円周にはかぎりない数の点があるのだから、『無限の集合には、**等しい、より多い、より少ない**、という特性は与えることができない』と結論したんだ。

　ガリレオのすばらしいひらめきから長い年月が過ぎた19世紀の末に、デデキントとカントールというすぐれた数学者が、無限の集合の不思議に見えるものこそ、有限の集合を無限の集合と区別する原則になるにちがいないと気づいたんだ。いまでは高校生ならもう知ってるよ、**集合がその一部とひとつひとつ対応するならその集合は無限で、そうでない場合はその集合は有限である**、って」

「おじいちゃん、そんな無限の集合なんていうものがあると、ぼくら子どもには、これならたしかだっていうものがなくなっちゃうよ……」

「いや、これは子どもにとっても大事なことなんだ。状況が変わったら考え方も変えなきゃいけないってことを知るためにね」

「でもその状況って、いくつくらい出てくるわけ？」

「そんなことわからないよ！　じゃあここで、数学者だけでなく多くの人の論争を巻き起こしたある問題について考えてみよう。これは紀元前450年ごろのギリシャの哲学者ゼノンが考えたものなんだが、彼はこれを**逆説**として、つまり、信じられる域を超えたものとして提示したんだよ」

「それって、グラツィア先生は知ってると思う？」フィーロはこれで先生をやっつけることができるかもしれないと思ったのです。

「もちろん知ってるだろうね。先生はクイズが大好きだし、この話はクイズとして出されたものだから。いいかい、矢が的に向かって弓から放たれた。ここに描いてみるね」

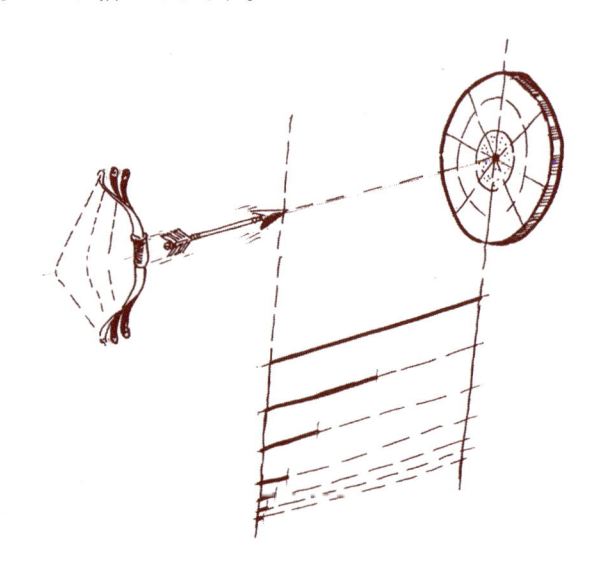

的までの距離をそっくり通過するには、まず半分を通らなければならないよね。でも半分を通るには、半分の半分を通らなければならない……そうやって出てくる半分をみんな通らなければならない。つまりかぎりない数の『半分』を通るわけだ。
　それぞれの半分の距離を飛ぶには、どんなに短い距離でも時間が必要だよね。その時間もすごく短くて、かぎりなく短いけれど、それでも時間にはちがいない。そこでクイズなんだ。この矢ははたして的に達するだろうか？」
　フィーロはがつんとやられたみたいでした。でもちょっと間をおいてから、勇気を出して答えました。「おじいちゃん、そうやって考えれば答えはどうしたってノーになっちゃうよ。でもぼくが弓で遊ぶときには、的の中心にはあたらなくても、矢は宙に止まってたりはしないよ。みんなちゃんと的に着くよ！」
「君の言うとおりだよ！　わたしたちは、無限の距離の合計は無限の量になるって考える癖がついてるんだ。でもこの例でわかるように、距離が無限に短いときには、それの合計は有限の数になり得るんだね！　つまり無限に大きいものだけでなく、無限に小さいものを考えるときにも、頭を切りかえる必要があるんだよ」

chapter 13

直角三角形の辺の比は
どうしていつも一定なの？

ピタゴラスの定理

　フィーロは2晩続けて怪傑ゾロになった夢を見ました。そこで祖父は2日続けて、朝のコーヒーと一緒にフィーロの熱のこもった話を飲みこむはめになりました。暴漢をやっつけたとか、不正をこらしめたとか、悪者を待ち伏せして捕まえたとか、虐げられた人たちを解放したとか。

「おじいちゃん、ゾロってかっこいいんだ。アイ・マスクをして黒馬にさっそうとまたがって、マントをひるがえらせるんだから！」
　でも3日めの夜には科学への好奇心のほうがふくらんで、ゾロのお話は消えてしまいました。

「おじいちゃん、昨日の夜はでっかいタコが『助けて！　助けて！』って言ってる夢しか見なかったよ。ぼくはクレーンを使って石油がたまっているところからタコを助けたんだ」弟はちょっとがっかりしたようにそう言いました。

　次の夜フィーロは頭をひねって、偉大なゾロの冒険になんとかして戻ろうとあらゆる策を考えました。

「眠る前にゾロのことを一心に考えれば、またゾロの夢を見るにきまってるよ！」弟は自信ありげにそう言うと、それまでに見た夢の話を書きはじめました。

　それから電気を消すと、同じところでつっかえながら書いたものを3回も読み、そのあと安心したように眠りにつきました。

　でもその翌朝、フィーロはご機嫌ななめでした。前の晩の努力が実を結ばなかったのです。

「ぼくがなんの夢を見たと思う？」弟は牛乳が湯気を立てているカップを前にしながら祖父にぶつぶつ言いました。「ピタゴラスの夢なんか見ちゃったんだよ！」弟はそう言って、その責任は少しは祖父にもあると言いたそうな顔をしました。なにしろ数学の話ばかり聞かされているのですから！

「そうか、でもピタゴラスだって偉大な人物にはちがいないよ！」祖父は弟を慰めるように言いました。

「ねえ、おじいちゃんはゾロとピタゴラスをくらべたいわけ？」

「そんなわけじゃないよ、まさか。わたしはただ、ピタゴラスも優秀で有名な人なんだと言いたいだけさ」

「そりゃ優秀かもしれないけど、でも有名じゃないよ。有名なら、カーニバルでどの子もゾロの仮装をしたがるのに、ピタゴラスなんかになり

たがるやつはひとりもいない、って変だもんね？」

　祖父は「考える人」としてのプライドを傷つけられて、数学の偉大なる天才をやっきになって弁護しはじめました。フィーロは熱心に聞いていましたが、それはピタゴラスをへこまして、自分の好きなヒーローをいちばんにしたいからでした。

「じゃあ君に、ピタゴラスの偉大さを実例で示してやろうじゃないか！」祖父は大きな声でそう言いました。そしてひもを手にとると、等しい間隔をおいて結び目をつくりました。そうやって12の間隔をつくると、残った部分を切りとりました。

　それから画びょうをいくつか使って、カートン紙の上にひもをぴんと張って三角形をつくり、それぞれの辺の長さが結び目3個と4個と5個の間隔になるようにおきました。

「このいちばん上の角を見てごらん。これは直角だよね、長方形や正方形にあるような。この部屋の床の四隅も直角だ。ほとんどの建物に直角があるね。ひもを使うこの方法は、壁をつくる職人が直角をつくるのにじっさい使ってるんだ。もちろん画びょうじゃなくて杭を地面に打ちこむんだけどね。これはむかしからある方法で、エジプト人も知っていた。

彼らはピラミッドの四角い基礎(きそ)をつくるのにこれを使ったんだよ」

「でも3と4と5のかわりにほかの数にしたらどうなるの？」フィーロはそう言い、祖父の返事も待たないで続けました。「ねえ、ぼくにひもを貸して！　5と6と7でためしてみるから」

弟は言うが早いか真剣に自分の三角形をつくりはじめましたが、どの角も直角でないのはすぐにわかりました。

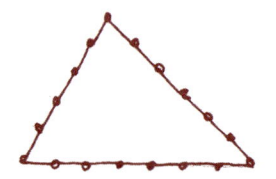

「どうしてこの数だとうまくいかないの？　ぼくはどの辺にもひもを同じ分だけふやしたのに！」

「すばらしい質問だ！」祖父は手をこすりあわせながら言いました。「いいかい、発見のための第一歩は疑問をもつことなんだよ。しかしむかしからそうだが、これがいちばんむずかしいことだよね。古代エジプトの人々はひもを使うこの方法を何世紀も続けていたけれど、でも、どうしてだろうとはまったく考えなかった。たぶん彼らはファラオの墓をつくることだけで頭がいっぱいだったんだね！

じつをいえば、エジプトの人々は気の毒に、貴重な疑問を口にすることもできなかったんだと思うよ。彼らはファラオに支配されていたんだが、ファラオは自分が神だと信じていた。ファラオは僧侶(そうりょ)たちと手を組んで、人民がすることや考えることまで統制していた。そのために哀(あわ)れなエジプトの人たちは、墓をつくりながらあの世のことばかり考えていたんだ。だから建築の腕はたしかなのに宮殿(きゅうでん)も水道も道路もつくらなかった。彼らはピラミッドしか残してないんだよ！

さて、とにかくピタゴラスの話に戻ろう。『どうして3、4、5の組は直角をつくるのに、ほかの数字の組になるとできないのだろう』という難問を自分に突きつけたのは、ピタゴラスとその学派の数学者たちだったんだからね。ピタゴラスは答えを見つけようとやっきになった。だからしまいに答えがわかったときには、喜びのあまり、100頭の雄牛を神に捧げるという大それたセレモニーまでやっちゃったんだ！」

「きっとピタゴラスはエジプト人より考える時間があったんだよ。さもなければただの知りたがり屋だったのかもね」フィーロがぶつぶつと言いました。フィーロはエジプト人もファラオも大好きなのです。

「どこがちがうかといえば、ピタゴラスは幸運にもギリシャに生まれた

ということなんだ、しかも紀元前６世紀のね。この時代はじつに大した時代で、人々は自分にたいして絶大な自信をもっていた。頭で考えただけで自然法まで発見できるつもりでいたんだ。僧侶や祈禱師（きとうし）の言葉ではまったく物足りなかった。なかにはただ考えるために考えて毎日を過ごす人もいたほどだ。考えたことを日々の暮らしに生かそうともしないでね。たとえばこんな話もある。

　ある日オリンピック競技のお手伝いに行ったピタゴラスは、レオンという名の王様に出会った。王様はピタゴラスに、君はだれで何をしているのかとたずねた。ピタゴラスは鼻を高くして言った。『わたしは**哲学者**です』でも王様はその言葉を知らなかった（ピタゴラスがつい先ほど思いついたばかりの言葉だったからだ）ので、それはどういう意味かとたずねた。『見てください王様、競技に集まったこの人の群れを。ある人はお金を稼（かせ）ごうと、ある人は栄光を得ようと、ある人は自分の目でよく見て何が起こるのか理解しようと、ここにきています。この最後の人たちのことを哲学者というのです』この日から哲学者という言葉はみんなの共通語になり、**ものごとを知ろうとする人**を表すようになったのさ」
「それで哲学者って何を考えたの？」
「宇宙はどうなっているのだろうか、人間とはどんな生き物なのだろうか、わたしたちの周囲にあるものはどんなふうにできているのだろうか、といったことだ」
「へえ、それじゃ考えることはいっぱいあるよね、その時代にはまだほとんど何もわかっていなかったんだから！　でもどうしてほかではなくてギリシャでそんなことを考えたの？」
「環境がとてもよかったからなんだ！」
「みんなが考えるために行くのにちょうどいい場所があったってこと？」

「ああ、そうだ、そういう場所もあった。そういう仲間が集まるところがあってね、そこで先生と弟子たちが集まっては話しあった。でも環境がいいと言ったのは、その時代の人々の暮らし方がよかったという意味でなんだよ。たとえば市民を苦しめるファラオや僧侶はいなかった。

　それどころか町は市民が自分たちで治めていたから、まるで小さな国家のようだった。みんなで広場に集まっては共通の問題を話しあい、それからみんなで決議したんだ。貧しい人や奴隷たちは仲間はずれにされていたにしても、ギリシャ人は**民主主義**を考えだした。彼らはみんな自分が主人公なのだと感じていて、自分には力があり、むずかしい問題にチャレンジすることもできるのだという自信をもっていたんだ」
「それでピタゴラスは直角の問題をどうやって解いたの？」
「牛を生け贄にした話はともかく、よくわかってないんだ。どんないきさつがあったのかを説明するその時代の資料はないし、それに、これを解いたのがピタゴラスなのか、それとも彼の弟子だったのかもはっきり

しない。ピタゴラス派の人たちは新たな発見をすると、その派が発見したことにしていたからね。グラツィア先生が君らの絵を展覧会に出すとき、君らの名前を書くかわりに3年A組って書くのと同じだ。いずれにしても、この発見は**ピタゴラスの定理**って呼ばれてる。

この問題はだいたいこんなふうに考えられたみたいなんだ。わたしが描く図を追っておいで。そうすれば、どうして3と4と5の組みあわせが直角を生むのかがわかると思うよ。

ふたつの板チョコがあるとする。同じ正方形で、ひとつは君のもの、もうひとつはわたしのチョコだ。

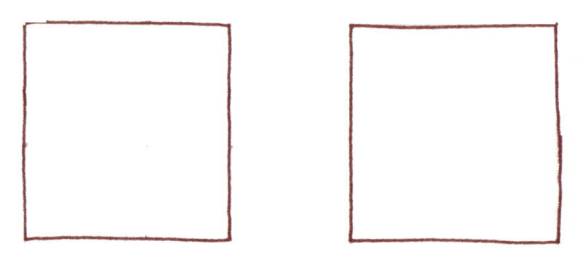

さて、このふたつを違ったふうに分けてみよう。でもどちらの板チョコにも4つの等しい三角形をつくるとする。

この4つの三角形には直角があるから**直角三角形**って呼ばれるんだ。いいかい、直角三角形で直角をはさむ2辺のほかにもうひとつある辺は

斜辺と呼ばれる。君のチョコレートのほうには、4つの三角形のほかに正方形がふたつあるよね。一方は直角三角形の直角をはさむ2辺のうち大きいほうを使ったもので、もう一方は小さいほうを使ったものだ。わたしのチョコレートでは、4つの三角形のほかに斜辺を使った正方形がひとつだけある。

　さて、君もわたしもおなかがすいたから、それぞれのチョコレートの4つの三角形を食べるとしよう。そうするとふたりに残ったチョコレートはこんな形になる。

　ここで君にたずねたいんだが、ふたりのチョコレートのうち、どっちのほうが多く残っている？」

「そんなのやさしいよ。形はちがうけど、残っているチョコレートの量は同じだよ！」

「上出来だ！　じゃあここで両方をくっつけてみよう。

これではっきりするね。つまり、**直角三角形の斜辺の上にできた正方形はほかの2辺の上にできた正方形の和に等しい**、となるわけだ。ピタゴラスはこれを発見したんだよ」
「ただそれだけのために牛をたくさん殺しちゃったの？　かわいそうに……それならコロンブスがアメリカを発見したときには何をすればよかったのかな」
「この発見は貴重なんだよ。ピタゴラスは実在する直角三角形や架空(かくう)の直角三角形をいちいち調べてみたりせずに、ただ頭で考えただけで、どんな直角三角形にもあてはまる特性を見つけたんだから。

彼は定理のほかに、証明という論理の力も発見したわけだ」

「わかった。でも3と4と5の組みあわせじゃなきゃいけないっていうのがまだわかんないな」

「君も知っているように、正方形の大きさを測るときには、つまりその面積を出すには、辺と辺の長さをかけるよね」

「うん、そうだよ。グラツィア先生はその問題をしょっちゅう出すもん。たとえばある正方形の1辺が3センチメートルなら、その面積は3×3で9平方センチメートルになるとか」

フィーロはそう言うと、自分でも正方形を上手に描いて見せました。

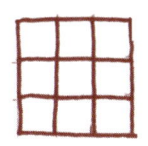

「完璧だ」祖父はそう言ってほめました。「それじゃ一般論に移ろうか。直角三角形の直角をはさむ2辺をaとbと呼んで、斜辺をcと呼ぶことにしよう。そうするとピタゴラスの定理はこんな単純な等式に収まるんだ。

$$a \times a + b \times b = c \times c$$

でも数学者はもっと短い書き方をするんだよ。かけ算を繰り返すのに**累乗**(るいじょう)という記法を使ってね。かけられる数字は1回しか書かないで、そのかわりにかけ算をする回数を右上に書くんだ。こうやって、

$$a^2 + b^2 = c^2$$

さて直角三角形をつくる3、4、5の不思議な3数字の組みあわせの魔力も、こんな簡単な等式で表せる。

$$3^2 + 4^2 = 5^2$$

つまり9 + 16 = 25だね。
　3と4と5の組みあわせが直角三角形の辺の長さになりうるのは、これらの数字にはピタゴラスの定理が使えるからなんだ。だからこれらの**数字はピタゴラスの3数**って言われてる」
「でもほかの3数の組ではほんとうにだめなの？　ためしてみようよ！」
「じゃあやってみよう。たとえば

$$5^2 + 6^2 \text{ は } 7^2 \text{ とはちがうね。}$$

つまり5、6、7は直角三角形の辺にはなれないってことだ」
「じゃあピタゴラスの3数ってほかにもあるの？」
「ああ、無数にあるよ！」
「無数だなんてだれが言ったの？」
「ピタゴラスの後継者たちは証明の仕方を先生からすでに学んでいた。それで彼らはのちに証明して見せたんだ。3数をすべて見つけたと思っても、新しいのはどんどん出てくるってね」
「じゃ、ほかにどんなのがあるの？」
「5と12と13」
　フィーロはピタゴラスの証明についてしばらく考えていましたが、そ

れから納得したのか、ため息をもらしました。「そうか……そういうことなのか。それじゃあピタゴラスも英雄(えいゆう)の仲間だな、ゾロほどかっこよくはないにしても……。おじいちゃん、もしだれか子どもがカーニバルでピタゴラスの仮装をやりたくなったら、どんな服を着ればいいの?」

ピタゴラスふうの服装

chapter 14

おへその位置は申し分ない

黄金分割
<small>おうごんぶんかつ</small>

　数日前にマウロ叔父がわたしの家へ来ました。やけに派手な色のチェックのシャツを着て現れたので、パパはどうかしてると言い、ママは独創的だと言いました。でもママはわたしとふたりだけになったとたんに言ったのです。あんなシャツを着てる人は見たこともないけど、あれってどこのお店で見つけたのかしら、って。

　祖父はマウロ叔父をまた抱きしめることができて大喜びでした。叔父から確率論について最近書いた本を贈られると、祖父は大喜びし、読みたくて落ち着かず、まもなく自分の部屋へ引きあげてしまいました。

　フィーロははじめは叔父とふたりきりになるのがいやみたいでした。なぜって前の夏にちょっとへまをしたので、その話が蒸し返されると困ると思っていたからです。

　じつをいえば叔父にはひとつ道楽があって、野菜づくりが大好きなのです。集会が終わったときや大事な仕事を仕上げたときなど、一日じゅう野菜の世話をしないとフレッシュな気分になれないと言います。でも集会はしょっちゅうあるし仕事の量も多いので、野菜が世話をされすぎて、かえってひ弱になってしまうのです。そのため夏にフィーロがサラダ菜を雑草とまちがえてすっかり抜きとってしまい、亀のえさにしてし

まったのでした！

　そのときフィーロのしょげたことったら！　弟は心ならずもそんなにひどいことをしてしまって、穴があったら入りたい気分でした。叔父が愉快(ゆかい)な友達の話をしてやっても、楽しそうな顔もしませんでした。その友達は菜園に首ったけの叔父をからかって、聞いたこともない「イタリア盆栽(ぼんさい)コンクール」の偽(にせ)の１等賞をくれたというのです。

　叔父には、何でも忘れてしまい、それも驚くほど早く忘れてしまうという長所があります。でも叔母にしてみれば、それは長所どころではないそうです。なぜって、２日も家を空けるようなときでも、出るときにそれを叔母に言うことを忘れてしまうからだそうです。

　そんなわけでフィーロは、サラダ菜の一件を叔父が話しだすと困ると思っていたのです。でもフィーロは反対に、立派な木製のチェスボードと、おまけにチェスの駒まで叔父からもらってしまいました。

　叔父は話の順序として、まず最近学校でどんなことをしたかを知りたがり、それから「目に見えて成長するこのかっこいい男の子」の体重と身長がどれほど伸びたかを知りたがりました。

　学校への興味は、フィーロが学年のみんなと「ジャコモ・ゲパルディ」公園へ遠足に行ったという話ですぐに満たされました。

　一方成長についての話には叔父はじつに熱心で、パルテノン宮殿やスイス生まれの建築家ル・コルビュジエの話まで飛びだすほどでした。「ぼくはすごく成長したんだよ、おじいちゃんが身体にいいものばかり食べさせてくれるからね！」弟は得意になってそう言いました。「いまの身長は136センチだよ。おじいちゃんが昨日、頭のてっぺんから足の先まで測ってくれたばかりだから知ってるんだ。おじいちゃんはぼくの**身体**に**黄金比**があるかどうか見たかったんだって。おじさん、黄金比っ

て知ってる？」

　イタリアの詩人ジャコモ・レオパルディの名前を「ジャコモ・ゲパルディ」と言ったことには、叔父はちょっと注意しただけでした。でも黄金比の話になると、叔父はまさに水を得た魚でした！　でも魚よりよっぽど生き生きしていました。待ってましたとばかりに飛びついてしまったのですから！

「それで君の身体には、その有名な比があったのかい？」叔父は興味深そうにたずねました。

「もちろんあったよ……おじいちゃんが言ってたけど、ぼくは金鉱みたいなものなんだって！　どこよりもまず、ぼくのおへその位置がいいんだってさ。おへそは足の先から84センチのところにあるんだ。おじいちゃんはうれしくて飛びあがっちゃったよ！

　ぼくの身長は136センチで、足の先からおへそまでが84センチ、お

へそから上が52センチなんだよ。

　おじいちゃんの説明ではね、この数値を見ると、おへそはぼくの全身をとても美しく分けているんだって。どうしてかというと、52と84の比が84と136の比と同じになるからなんだってさ。見て。

$$52 \div 84 = 0.61\ldots$$

それで

$$84 \div 136 = 0.61\ldots$$

　もしおへそがもう少し上か下にあったら、このふたつの比は等しくはならないよね。この0.61…という数は**黄金比**っていうんだって、おじいちゃんが言ってたよ。

　正確にいうとね、黄金比は0.618…というふうに、8のあとにはすごくたくさんの、というより無数の数字が続くんだって。ぼくの身体は文句なしだっておじいちゃんは言ってたよ。ギリシャ彫刻(ちょうこく)のモデルにだってなれたはずだって！　ギリシャの彫刻家たちは自分の作品をつくるとき、できるかぎり0.618…の比を生かすようにしたんだって。ギリシャの有名な神殿にも、この比があちこちに使われてるんだってさ！」

「そのとおりだよ」叔父はうなずきました。「アテネでいちばん美しい神殿のパルテノンのことだ。黄金比はギリシャ文字のψで表されるけど、これは〈フィ〉と読むんだ。この文字を使うことにしたのは、ほかでもない、これがパルテノンを設計した建築家フェイディアスのイニシャルだったからなんだ」

「黄金比は動物や植物のいろんな部分にあるんだって。たとえばぼくの手だったら、人差し指の最後のふたつの骨のあいだの比が0.62…、つまり黄金比に近いんだって。フィボナッチはどう思うだろうね、自然のなかにあるのは自分が見つけた数だけじゃないことを知ったら！」

「たぶんすごく喜ぶと思うよ」マウロおじさんはそう言って、説明をはじめました。「なぜってこの数はフィボナッチの数と身近な関係にあるからなんだ。とても近い親戚(しんせき)だといってもいいくらいだよ。どうしてだと思う？　その理由はすぐにわかるよ。フィボナッチの数って、こういうのだったよね？

1、1、2、3、5、8、13、21、34、55…

さて、電卓を使ってそれぞれの数の比を順ぐりに見てみよう。

$$\frac{1}{1}=1 \quad \frac{1}{2}=0.5 \quad \frac{2}{3}=0.66... \quad \frac{3}{5}=0.6 \quad \frac{5}{8}=0.625$$

$$\frac{8}{13}=0.615... \quad \frac{13}{21}=0.619... \quad \frac{21}{34}=0.617... \quad \frac{34}{55}=0.618...$$

何かすてきなことに気づいたかい？」

「うん……後ろへいけばいくほど数値が黄金比に近くなるね！　まるで魔法みたいだ！」

「φ は芸術家にもすこぶる受けがいいんだ。それはたぶん、これが自然のなかにたくさんあってひじょうに親しみやすく、まるでわれわれの一部か、われわれの周囲の世界の一部みたいに感じられるからなんだね……。

でも黄金比の特性のなかでの目玉は、おじいさんが君のおへそを例にとって説明したことなんだよ。線分をふたつに分けて、**短い部分と長い部分の比が長い部分と全体との比に等しくなる**ようにすると、比の値は0.618...になるはずだということだ。

こうすると分割がとても調和して見えるのは、同じ比が重なるのが目に快く映るからなのだろうね。

ギリシャの彫刻家たちはこの分割をとっておきの分割と考えていたから、これだけはただ**分割**って呼んでいたほどなんだよ。16世紀の建築家や芸術家のあいだでは**神聖な比率**と呼ばれていた。いまでは**黄金分割**といわれるけどね。前世紀初頭のフランスでは、黄金分割をそのものズバリ名前にした芸術家集団**セクション・ドール**が生まれているし、名高い建築家のル・コルビュジエは、黄金分割があちこちに現れている人体の研究に没頭したんだ」

「おじいちゃんがいつもお姉さんに、数学は芸術だって言ってるわけがそれでわかったよ。おじさん、黄金分割ってどうやってするか、ためしてみたいな。グラツィア先生に見せたいんだよ、先生は自然が大好きだし、それに芸術だって好きなんだから……」
「わかった！　じゃあ紙と鉛筆と定規とコンパスを用意して、アルゴリズムを追ってみよう！

　まず線分ABを描いて、それから長さがABの半分でABと直角をつくる線BDを描こう。それからAとDを結ぶんだ。こうやってね、

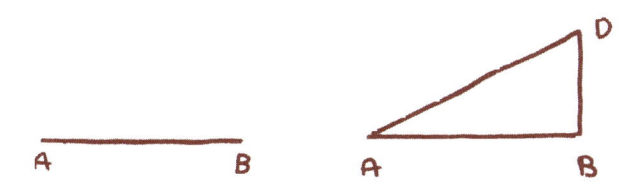

　そのあとコンパスをDに固定して、BDの長さに等しい開きをもった弧を描く。弧がADとぶつかる点をEとする。

　最後にコンパスの先をAにあてて、開きの長さがAEに等しい弧を描く。

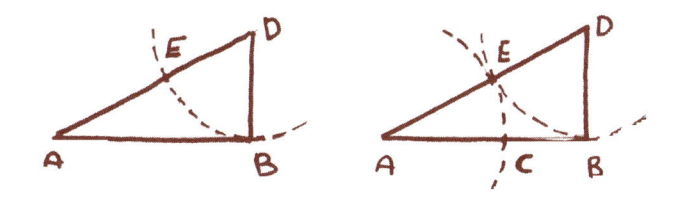

　線分ABと弧がぶつかったところの点Cは、線分ABを黄金比に分割する点なんだ。つまりこうなる。

$$CB : AC = AC : AB$$

中学校へ行けば、こうしたことはピタゴラスの定理を使って容易に証明できるようになるよ。そしてACの長さはABの0.618...倍で、CBの長さもACの0.618...倍だっていうこともわかるだろう」
「黄金比のことをそんなによく知ってるなら、おじさんも芸術家じゃないの？」フィーロは感心してそう言いました。
「残念だけど芸術家なんかじゃないよ！　でもこの数は、わたしがいちばんはじめに覚えた数のなかのひとつなんだ！」
「ぼくもおじさんが知ったようにして知ったんだね。きっとおじさんが8歳のとき、おじいちゃんがメジャーをもってきて、頭のてっぺんから足の先まで測ったにちがいないよ！」

chapter 15

さいころ遊びは7に賭(か)けろ!

確率論

　4日前からフィーロはインフルエンザで学校を休んでいます。さいわい今日はもう熱がないので、ちょっと調子がよくなったとたんにベッドから飛び降りて、いつもほどの元気はないけれど、さっそく遊びはじめました。

　フィーロがはじめたのはエンドレス・ストーリーで、そのなかで弟は、ジャングルで迷子になったコアラのパパの役になります。弟の遊びの主役で、いつでもフラシ天の布が代役をするコアラは、毒蛇や肉食植物などのためにさんざん苦しい思いをしますが、しまいにはやさしいパパの腕に飛びこみます。やさしいパパは感動的な出会いを果(は)たすと、たちまち勇敢(ゆうかん)な歴戦の司令官に早変わりし、空と海と陸の戦いだけでなく、銀河間の戦いまでして敵の軍隊をやっつけてしまいます。

　弟はこの遊びに首ったけなので、これをやっていないと、どこか具合でも悪いのではないかとママは気をもみます。弟は何かを言われるたびに言い返します。「いまはだめだよ、ゲームやってるんだから！」まるで外科の先生が「いまはだめですよ、手術中だから！」と言うような口調です。

　はなばなしい冒険から感動的な出会いまでのあらゆる場面が、床ずれ

すれのところで展開します。弟は床を膝ではいながら自分の部屋へ入って閉じこもるのですが、そのときからずっと、立った姿勢はまったくとらず、部屋を出るまで立ちあがらないのです。四つんばいになったり、はったまま歩いたり、ころがったりしながら動きまわって遊ぶのですが、足で立とうとはけっしてしないのです。だから入り口からなかをのぞいた人は、人の高さには何も見えず、子どもの背丈のところにも姿がないので、ひとりでに視線を下げていきます。でも床まで視線を下げても、一目見ただけでは、おもちゃと弟を見まちがえてしまうほどなのです。

じつをいえば、フィーロが立ちあがることはあるのですが、でもそんなときは、以前わたしが背筋の運動のために使っていた肋木のいちばん上の棒に、すぐに飛び乗ってしまいます。いまでは肋木は小さな原始人の木の上のすみかになってしまいました。高いところにいると、部屋全

体が見渡せて忍びこんでくる者に目を光らせることができるばかりか、シャワーやシャンプーから逃げるにも都合がいいのです。

　祖父は遊びは健康にとてもいいと言います。「頭脳は磨かれるし想像力も豊かになるからね、気分がさわやかになるだけじゃなくて！」祖父は自信たっぷりでそう言うのです。

　フィーロの遊びに祖父が巻きこまれることはしょっちゅうですが、はじめは弟を喜ばせるつもりでいても、しまいには夢中になってしまい、規則を破ったと言って弟とはげしくやりあうことも珍しくありません。ずるをするのはいつもフィーロのほうですが、弟は損をしたくないので、自分が悪いと認めなければならなくなると、罰を軽くしてくれるように頼みます。

　祖父は関節炎にかかっていることもあって、床の上での戦いよりテーブルの上のゲームのほうが好きです。とくに好きなのは、トランプのような運と悪知恵の両方で勝負するゲームです。フィーロのほうは賭け事みたいなゲームが好きです。弟は自分は運がいいと思っているので、運の力をさらに強めるために、ベルトにお守りのペンダントを下げます。そんなときわたしは弟に言ってやります、科学者になりたいなら、そんな迷信みたいなことはやめたら？って。弟は、自分がたびたび勝つからねたんでいるんだとかなんとか、ぶつぶつ文句を言います。

　わたしの言葉を聞いた祖父が言いました、人間は科学者になる前は魔術を使っていたのだと。「大むかしの人たちもね」と祖父は言いました。「どんな現象にも原因があることだけは知っていたんだ。だから手に負えない現象も自分の手中に収めるために、自分で原因をつくろうとした。たとえば雨を降らせるためにダンスをするとか、豊かな実りをあげるた

めに生け贄を捧げるとか、あるいはさいころ遊びに勝つためにお守りを身につけるとかね。そんな程度だった人間がのちに科学者になったのは、ある現象の原因は、あるときは原因になるがあるときにはならないといったふうに、気まぐれに働くことはないとわかったときだ。ある現象の原因というのは、じっさいのところ、それがあればほとんどいつもその現象が起きるといった性格のものだよね。つまり君の弟の将来だって捨てたもんじゃないってことさ。小さな魔術師が小さな科学者に変身する例はいくらもあるんだから」

じじつフィーロはそれからいくつか質問をしはじめました。今日弟がたずねたのはこんなことです。先日友達のファビオとふたつのさいころを投げて、目の和がいくつになるかをあてる遊びをしていたとき、ファビオはかならず7に賭けて、しまいに弟を負かしてしまった。これはいったいどうしてだろうか？　祖父は、そらきたというようにわたしにウインクすると、説明をはじめました。祖父は赤いさいころと青いさいころを手にとると、図を描いて、ふたつのさいころの面が表すすべての場合を弟に示して見せました。それからそれぞれの場所に得点を書き入れたのです。

	⚀	⚁	⚂	⚃	⚄	⚅
⚀	1+1	1+2	1+3	1+4	1+5	1+6
⚁	2+1	2+2	2+3	2+4	2+5	2+6
⚂	3+1	3+2	3+3	3+4	3+5	3+6
⚃	4+1	4+2	4+3	4+4	4+5	4+6
⚄	5+1	5+2	5+3	5+4	5+5	5+6
⚅	6+1	6+2	6+3	6+4	6+5	6+6

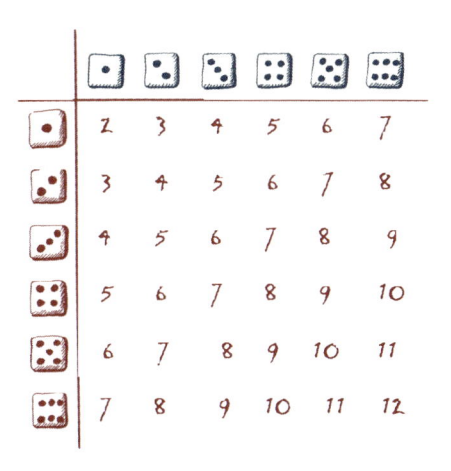

	⚀	⚁	⚂	⚃	⚄	⚅
⚀	2	3	4	5	6	7
⚁	3	4	5	6	7	8
⚂	4	5	6	7	8	9
⚃	5	6	7	8	9	10
⚄	6	7	8	9	10	11
⚅	7	8	9	10	11	12

「見てごらん。ふたつのさいころで36通りの場合が出てくるよね。そのなかのなんと6通りの場合で合計が7になるんだ。1＋6、2＋5、3＋4、4＋3、5＋2、6＋1とね。ほかの組みあわせの場合は、どれも合計が7の場合ほどの回数は出ない。だから7に賭けると勝つことが多いんだよ」

弟はきまじめな顔をして聞いていました。その顔には復讐の気持ちがありありと読みとれたので、弟がまもなく「友達」のファビオにふたたびさいころ遊びをチャレンジすることは目に見えていました。だから勝負に備えて腕を磨くためにきまっていますが、弟は祖父の言葉にそれからもじっと耳を傾けていました。

「もう3世紀以上も前の1654年に、冷徹な勝負師であったフランスの騎士ド・メレが、さいころ遊びについていま君が考えたような疑問をもったんだ。そこでさらに知識を得るために、高名な数学者だったある友人を訪ねた。ブレーズ・パスカルという名前のその友人はその問題の研究をはじめてから、ひとりの知人に助けを求めた。その人はピエール・ド・フェルマという法務官で、数学者ではなかったけれど、数学のことにはくわしかった。彼は騎士のド・メレに自分の考えを解き明かしただ

けでなく、運や偶然に関する問題にひじょうに熱心に取り組んだのだ。そこから数学の新しい考え方である**確率論**が生まれたんだよ。この理論は、結果を正確に推し量ることができない現象、まさにそのために**偶然**とか**運まかせ**（aleatori）とか呼ぶしかない現象すべてにかかわる理論なのだ。ラテン語のaleaというのは**さいころ**のことなんだ。ユリウス・カエサルがルビコン河を渡るときに言った有名な言葉があるね。「賽は投げられたり」という言葉だが、決断はされた！ということだ。じじつ、さいころは偶然性のシンボルでもある。君がカーニバルで仮装するみたいに、何かトリックでもしてある場合は別だけどね。

さいころを投げるときには、どの面が出るかはまったくわからないけど、でも表（ひょう）を書いてみることはできるよね。そうすれば状況がつかめるから賭けるときの助けにもなる。はじめの行には出る可能性がある数すべてを書く。2行めには、それぞれの数の下に、それぞれが出る割合、つまり期待の程度を書き入れる。さいころにトリックがしてなければ、どの面も他の面より有利だということはないのだから、6つのあり得る結果に、期待を等しく配分できるね。

　つまり、1の面に6分の1の期待をかけ、2の面にも6分の1の期待をかけ、という具合だ。こうやってね。

$$\left\{ \begin{array}{cccccc} 1 & 2 & 3 & 4 & 5 & 6 \\ \frac{1}{6} & \frac{1}{6} & \frac{1}{6} & \frac{1}{6} & \frac{1}{6} & \frac{1}{6} \end{array} \right\}$$

　数学者はこのタイプの表を**確率変数**と呼ぶんだ。変数と呼ぶのは結果が一定でないからだ。確率と呼ぶのは、どんな結果が出るかは確率によるからなのだよ。はじめの行のそれぞれの数字は**事象**（じしょう）と呼ばれ、その下の数はその事象が現れる**確率**と呼ばれる。

　さてここで、ふたつのさいころを投げたときの確率変数を見つけてみよう。投げた結果出る数にはどんなのがあると思う？」祖父はそう言って、フィーロの目の前に、ふたつのさいころの面が出すあらゆる場合を表にして見せました。

　フィーロは表をじっと見つめてから、力強く答えました。「合計の数は2、3、4といろいろあって……12まである。そのあとはもうない」

　「よくわかったね！」祖父は大声で言いました。「じゃあその数をはじ

めの行に書いてみよう。こうやってね。それで、出るかもしれない結果すべてに君はどんなふうに君の確率を振り分ける？　さいころがひとつのときと同じように、平等に振り分けるかい？」

「まさか！　それほどとんまじゃないよ、もうファビオの手になんか乗るもんか！　それどころか、いまにとり返してやるぞ！　ほかのより有利な数値があるってこと、もうわかっちゃったんだから。でもそれって数でちゃんと説明できるの？」

「できるかどうかやってみよう。君の確率を、たとえばたくさんの人に分けなきゃならないタルトだと考えてみよう。まずタルトを同じ大きさに36に分けるよね。ふたつのさいころが出す結果は36通りあるわけだから。それから……」

「わかったよ！」フィーロがはしゃいで言いました。「それから7のところに6切れあげるんだね。8と6には5切れずつあげて、5と9には4切れあげて……。そうだ、数で表せるよ、分数で書けばいいんじゃない！」弟はそう言って、すぐに変数表を埋めてしまいました。

$$\left\{ \begin{array}{cccccccccccc} 2 & 3 & 4 & 5 & 6 & 7 & 8 & 9 & 10 & 11 & 12 \\ \frac{1}{36} & \frac{2}{36} & \frac{3}{36} & \frac{4}{36} & \frac{5}{36} & \frac{6}{36} & \frac{5}{36} & \frac{4}{36} & \frac{3}{36} & \frac{2}{36} & \frac{1}{36} \end{array} \right\}$$

「上出来だ！」祖父は喜びました。「つまり、**それぞれの事象の確率は、その事象が現れる可能性のある場合の数を、ありうるすべての場合の数で割ることによって得られる**、ということだね」

祖父はそう言うと、あとを続けました。「この変数はね、もっと複雑な事象の確率を計算するのにも使えるんだよ。はじめの行に並べた事象

をひとつにまとめるような場合にもね。たとえば2と3と4に目をつけたとする。つまり、投げた結果が5より少ない数になると賭けたとするね。この場合、勝つ確率はどれほどになるか。これってわかるかな？」

フィーロは確率変数をしばらく考えていましたが、それからおずおずと言いました。「たぶん2と3と4の下にある3つの確率を合計するんじゃないかな」

「そのとおりだよ、よくわかったね！　そうなんだよ、書いてみるね」

$$\frac{1}{36} + \frac{2}{36} + \frac{3}{36} = \frac{6}{36}$$

「それじゃあ、ファビオが7に賭けるって言ったら、ぼくはこう言えるんだね。『いいよ、でもぼくのほうは3つの数字に賭けるよ、2と3と4とか、10と11と12とか。とにかくまとめれば7と同じだけの確率がある数だ』って。もしファビオがいやだと言ったらこの変数を見せてやるよ。ええと、なんていう変数だっけ」

「確率変数だ」祖父はそう答えながら、フィーロが魔術師から科学者に変身すると同時に、仕返しより話しあいのほうを選びそうなので、うれしくなりました。そして、それでは本物の勝負師にしてやろうとでも思ったのか、続けて言いました。「ふたりの勝率は、ちがっていてもいいんだよ。でもその場合は、負けたときに相手に払う金額も変わるんだ。参加者のだれひとりほかの人より有利にならないように、数学者はゲームを**公正**にする規則をつくった。**勝率と受けとる賞金とをかけて**得られる積はすべての参加者に等しくなければならない、ってね。この積は**数学上の期待値**と呼ばれるんだ。そういうわけで、公平なゲームではすべてのプレイヤーが同じ**数学上の期待値**をもっているはずなんだよ。

たとえばこうだ。ふたつのさいころを投げるとき、君は 2 に賭けて、ファビオは 7 に賭けるとする。君が 1000 リラだとするね、つまり 7 が出たらファビオに 1000 リラを払うとする。でも君が 2 を出したらファビオは君に 6000 リラ払うんだ。じっさいそうすれば君らの数学上の期待値は等しくなるんだよ。こういうふうにね、

$$6000 \times \frac{1}{36} = 1000 \times \frac{6}{36}$$

イタリアの宝くじでは、買う人はきまった代金を払ってくじを受けとるか、さもなければ、ねらう金額を選んでそれに見あった代金を払うかだ。この場合、宝くじが公正であるためには、くじの値段が数学上の期待値に見あうものでなければならない。つまり、勝率と賞金との積に等しくなければならないんだ、こんなふうにね。

$$\text{くじの値段} = \text{勝率} \times \text{賞金}$$

しかしあいにく、宝くじというのはどれも売るほうがもうかるようにできている。だから買うほうは、いつでも数学上の期待値を上まわる額

を払うはめになるんだよ」

「しょうがないよね！」フィーロはそれだけ言いました。弟はもう賭け事のプロになったような気分で、理論のほうはどうでもいいから早く祖父とさいころ遊びに挑戦したいと思っていたのです。弟はろくに考えもしないで7に賭け、祖父には2に賭けるように勧めました。「そうすれば、おじいちゃんは負けたって1000リラしか払わなくていいんだから。ぼくのほうは負けたら6000リラも払うんだよ！」でも弟は7がいいにきまっていると思っていて、自分の勝運を信じていることは目に見えていました。

　祖父はゲームをはじめると、さいころがどう出るか見ていました。たぶん確率のせいと、それからお守りのおかげもあったのか、駆けだしの勝負師のほうが勝ってしまいました。

「やったあ！　ぼくの勝ちだよ！　今度はファビオに挑戦して破産させてやるぞ！」

chapter 16

96も角のある多角形

円周率を求める

　近ごろフィーロは星占い(オロスコーポ)があるのを知りましたが、どういうわけかいつもそれを「神のお告げ(オラーコロ)」とまちがえるのです。将来を予知するというのは、弟にとってはショッキングなことのようでした。
　弟は家族のみんなにくってかかりました。毎週の運命が前もってわかるなんていういいことを、どうしていままで教えてくれなかったの！というわけです。「わからないの？　神のお告げを知っていれば、ぼくの毎日だって変わってたかもしれないんだよ！」弟はがっかりしてそう言いました。「日記に先生から注意を書かれることもなかったかもしれないし、パパから３日も罰を食らわなくて済んだかもしれないのに！　パパは、日記のページを見せたくなくてぼくが破っちゃったから怒ったんじゃないか。神のお告げが言ってたにちがいないんだよ、『勉強のほうはうまくいかない』って。それならぼくは家でじっとしていれば、何もかもうまくいったはずなんだ！　明日グラツィア先生に質問してみるよ、月曜日の朝、授業がはじまる前にみんなでお告げを読んでもいいかって。そうすればみんな、その１週間にやることをきめられるじゃない。そうだよね、おじいちゃん。先生はそんなこと、いままで思いつかなかったんだよ。いつもみんなに役立ついい考えをもってくるね、ってほめてく

れるにきまってるんだ！」

　祖父はべつに何も言わなかったけれど、天文学と星占いのちがいは早く説明する必要があると思ったようです。
「あのね……」と祖父ははじめましたが、話をどうもっていったらいいか迷っていました。それからいい考えがひらめいたのです。「ねえフィーロ、ママの誕生日のためにタルトをつくらないか？　それで明日ママをびっくりさせてやろうよ、ね」
「うん、そうしよう！」フィーロはすぐその気になってキッチンのほうへ飛んでいきました。それで弟のご機嫌はたちまち直ってしまったのです。

粉を練ったり、バターを混ぜたり、生クリームを泡立てたりすることは、弟にとっては抜群におもしろいことなのです。失敗を水に流したためか、それとも祖父に一人前のプロみたいに扱われたからか、タルトをつくっているあいだじゅう、弟は楽しそうに鼻歌を歌っていました。

　祖父と弟は、『少ない費用でおいしく食べよう』というタイトルでいつか本にしたくて、レシピを書きためてあります。ふたりはそのレシピの手帳に目を通してから、プラムのタルトをつくることにしました。でも材料と道具を用意していざとりかかろうとしたとき、小さな問題が起きました。オーブン皿です。レシピにあるのは22×30センチメートルの長方形のお皿でした。でもフィーロはどうしても本物のタルトを、つまりまるいのをつくりたいのです。

「グラツィア先生だって、分数の説明をしてくれたとき、まるいタルトの絵を描いたんだよ！」弟は文句を言いました。祖父はオーソドックスなのが好きなので、弟の言い分を聞いてまるいお皿を探しました。

　ことわざにあるとおり、問題はひとつで収まることはめったにないので、さっそくつぎの問題が生じました。「まるいお皿の面積と長方形のお皿の面積って、同じにできるだろうかね」祖父がそのとき言ったのです。

　弟はまるいお皿の周囲の長さを巻き尺で測ってみようと言いました。そうすれば、計算の結果104センチメートルと出た長方形の周囲の長さと同じかどうかわかるというのです。

「でもね」祖父が言いました。「**周囲の長さ**はあまり役には立たないよ。このふたつの長方形を見てごらん。これらの長方形は、周囲の長さは同じだけど、でも**面積**は、つまり広さはちがうんだよ」

　祖父はそう言うと、はっきりわかるように描いて見せました。

「じゃあどうしたらいいの？」フィーロはがっかりしてたずねました。
「グラツィア先生は面積を測るとき、小さい正方形を使ってそれで表面を全部埋めたんだ。こういう小さな正方形は**1平方センチメートル**って言うんだって。長方形のお皿では、30センチの1センチごとに22本の線を入れればいいんだよね。黒板に描いてみようか。ほらこうやるんだ。

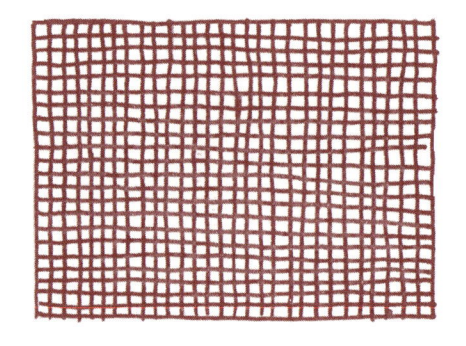

でもお皿がまるかったら正方形は使えないよね。周囲がまるいんだから！」
「手っとり早い方法を教えようか、ずっと前に生徒から教わったやり方だ。これはまったく正確とはいえないけど、でもタルトをつくるにはじゅうぶんだよ。もっと正確な方法はタルトを焼きながら考えることにしよう。それは高度な正確さが必要な仕事に使われる方法なんだ」
　祖父はそう言うと、乾燥したインゲン豆のつまった小さな袋をとり、長方形のお皿に豆を少しあけました。それから手で、重ならないようにしながら、底をびっしりと豆でおおいました。

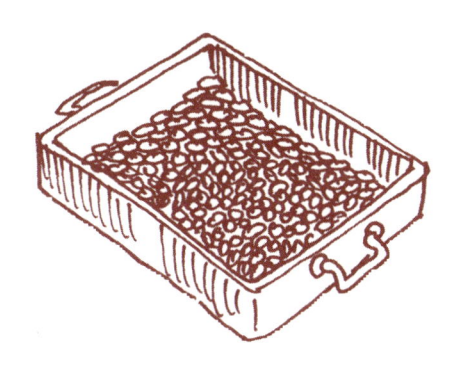

「見てごらん、わたしは君の正方形のかわりに豆を使ったんだ。今度は長方形のお皿に敷いた豆をまるいお皿のほうに移すよ。もしそれで表面がぴっちり埋まったら、その面積はだいたい長方形の面積と同じだということだ。もし豆が足りなければまるいお皿のほうが大きくて、反対に多すぎたら、まるいお皿のほうが小さいということだね」

「アッタマいいね！　おじいちゃん、今度はぼくにやらせて！　ぼくも豆をあけてみたいよ！」弟はそう言うと、騒々しい音をたてて豆を長方形のお皿からまるいお皿のほうへ移しました。うれしいことに、残った豆はたったのふたつだけでした。

「うまくいったね」祖父もうれしそうでした。「両方の面積は**だいたい**同じだっていうことだから、レシピの分量を変えなくてもいいわけだ」

　そこでふたりは粉をあけたり練ったり忙しく動きながらタルトの準備をしました。それから生地をオーブンに入れてしまうと、申しあわせたように、角がないどころかすっかりまるくなっているものの面積を測るという、むずかしい問題にとりかかりました。祖父は遠いところから話をはじめました。

「まずはじめにすごく偉い人を君に紹介したい。彼は周囲がまるいものも、ゆがんでいるものでも、それの面積を、君の言葉を借りれば、じつ

にかっこよく出すことができたんだ。アルキメデスっていう人だが、知ってるかい？」

「知ってるにきまってるじゃん！　アルキメデスはミッキーマウスのためにいろんなものを発明してやる人だよ!」

「いや、漫画に出てくる人じゃなくて、本物のことだ。ウォルト・ディズニーが名前を借りたアルキメデスだよ。」

「そうか。でもおじいちゃんの言うアルキメデスのほうは知らないな」

ARCHIMEDE
アルキメデス

「アルキメデスっていうのは、だれもが知ってる歴史上もっとも偉大な数学者だ。でもそれだけじゃない。彼は太陽の熱を集めるレンズを発明して、ローマ軍の戦艦に火事を起こそうとしたんだ。ローマ軍に自分の町であるシラクサを包囲されたときにね。彼は父親に劣らぬすぐれた天文学者でもあったんだよ」

「それでローマ軍は敗れたの？」

「いや、残念ながらローマ人を怖がらせただけだった。アルキメデスはすばらしい防衛用の道具も発明したので、シラクサはローマ軍の包囲に

2年半も抵抗できたんだ。でも紀元前212年に町は征服されて、アルキメデスは殺されてしまった」

「ローマ人てなんてばかなんだろうね、自分たちの役にだって立つはずの、それどころか全人類に役に立つはずの天才を殺しちゃったなんて！いったいだれが殺したの？」

「はっきりしたことはわかってない。でも言い伝えによれば、アルキメデス本人のせいみたいだね。彼は砂っぽい道の上に円を描いていたんだよ。そこへローマ軍の兵士がひとり通りかかり、何のことだか理解できなかったから踏んで消しちゃったんだ。アルキメデスは、わたしの円に触れるな！ってどなった。すると横柄な兵士は腹を立てて彼を殺しちゃったというわけだ」

「ローマ人ていうのはどうしたって好きになれないよ……アニメ漫画のなかでもいつも意地悪なんだから！」

「アルキメデスの話は言い伝えでしかないけれど、でも野蛮な力っていうのは感受性に乏しいことの表れでもあるね。でもこの話にはほんとうの部分もあるんだ。なぜってアルキメデスは円についてはすぐれた研究者だったからだよ。彼は直径さえわかれば円周の長さが計算できることを発見したんだ。ところで直径って知ってる？」

「うん、もちろん。ここに描いてみようか。こうだよね。

円周の上の点をひとつとって、それを中心と結ぶと、**半径**が得られる。自転車のスポークみたいだね。その線をそのまま伸ばしていって円周のもうひとつの点のところまでくると、**直径**になる。でも線はかならずまっすぐでないと、つまり直線じゃないといけないんだ。直径は無数にあるけど、でもどれも同じなんだ」

「よくできたね！」祖父がほめました。「当時の幾何学者たちは知っていたんだよ、円周はどれも、その円の直径の3倍より少しだけ長いってことは。たとえばまるい花壇の直径が10メートルだとすると、その円周は約31メートルなんだ。でもギリシャの幾何学者はだれもが知るように厳格だったから、そんなことでは満足しなかった。だからなんとしても正確な公式を立てようとした。たとえば正方形なら、辺の長さがわかれば周囲の長さは正確に出るよね。円の問題のほうはいまだに**円積問題**と呼ばれてるんだよ」

「どうして**いまだに**なの？　アルキメデスには解けなかったの？」

「アルキメデスは解くには解いた。つまり解けないってことをわからせたんだ」

「おじいちゃん、冗談はやめてよ。それってただの言葉の遊びみたいだ」

「いや、言葉の遊びじゃないよ。問題には解けるものもあるけど、解答はあるのにだれにもわからないもの、解答そのものがないもの、解答があるのかどうかもわからないもの、といろいろあるんだよ」

「まいったな！　なんてややっこしいんだ！」

「円周の問題に戻ろう。この問題を解くのに、アルキメデスは彼の創造的ひらめきのすべてを懸けたんだ。数学の方法がものすごくむずかしいのに落胆もしないで、少しずつ糸口をつかんでいこうとした。要するに刑事がするみたいにしたんだね。刑事は犯人をすぐには捕まえられない

と、見張っているふたりの警備員のあいだに犯人をはさんで、じわじわと近づいていこうとする。これはものを考えるときの新しい方法だったんだ。いま説明するから聞いててごらん。

　アルキメデスはおおよそこんなふうに考えたんだよ。『ここに直径が1メートルの円がある。その円周の長さはわからないが、でも円周の**内側**に描いた六角形と、円周の**外側**に描いた六角形の周囲の長さなら出せる。

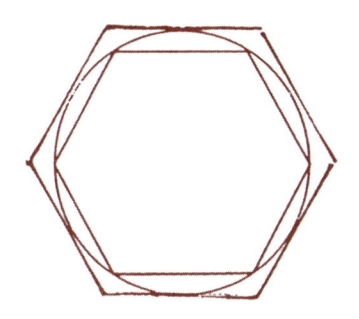

　この図を見れば、円周は内側の六角形よりは長く、外側の六角形よりは短いことははっきりしている。これだけでもうある程度のことはつかめる。もしこの六角形の辺の数を2倍にすれば、それらの周囲の長さと円周との差はさらに縮まる。

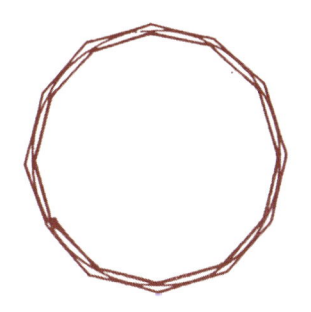

　さて多角形の辺の数をさらに2倍にふやせば、3つの周囲の長さの差

はほんのわずかになってしまう。円周の長さはまだわからないが、それは内側の多角形の周囲と外側の多角形の周囲のあいだの数値であるはずだ。わたしはふたりの警備員を見つけたぞ！』アルキメデスの論理の道すじはこうだったんだ。君、どう思う？」祖父は孫の顔をのぞきながらたずねました。

「へええ、すごいね、ばっちり天才だよ!!」フィーロは目をまるくしてピュッと口笛を吹きました。

「まだ先があるんだ」祖父は続けました。「アルキメデスは辺の数をどんどん2倍ずつにふやしていって、とうとう96も辺のある多角形まで描いちゃったんだ。この場合、円の直径を1として測ったふたつの多角形の周辺の長さは、それぞれこうなることを知っていた。

3.140… と 3.142…

それなら円周はこうなるはずだ。

直径　×　3.141...

　小数点以下に無数の数字が続くこの数には、ギリシャ語の『パイ』という名前がつけられた。これはギリシャ文字のひとつで、アルファベットのpにあたる。周囲（perimetro）のイニシャルのpで、ギリシャ文字ではπと書くんだよ。つまりπは円周と直径との比を表しているんだね。だから円周を出したければ、直径にπを、つまり3.141...をかければいいんだ」
「おじいちゃん、それならどうしてアルキメデスには円積問題が解けなかったなんて言ったの？」
「いま言ったように、πは小数点のあとに数字が無限に続くんだ。どこで止めるにしても、おおよその数値しかつかめないよね。円周とその直径の**比は分数で表せない**って言うんだ、正方形の辺と対角線の関係と同じだよ。

　アルキメデスの偉大なところは、πの小数をどこまで出したらいいかの判断基準を示したことにある。要は多角形の辺の数をふやしていけばいいわけだ。見張りの輪を縮める警備員の数をふやすということだよね。どれほどの正確さが必要かは、状況にしたがって考えればいい」
「おじいちゃん、じゃあオーブン皿の面積のほうはどうやって出すの？」
「それはまた今度にしようよ、フィーロ。もうタルトをオーブンから出さなきゃ！　なんていいにおいだ！　きっと申し分ない焼け具合だよ！」

chapter 17

円をばらして三角形にする

円の面積を出す

　タルトがオーブンから出されました。いい香りが家じゅうに漂ってしまうので、明日のお楽しみのために、ふたりはタルトを居間の戸棚にそっと隠してしまいました。
「さあ、これで円の面積の問題に戻れるね！」。祖父は、ひとりきりの生徒が何かもっと楽しいことを思いついてしまわないうちに、いつもの黒板を手にもって大きな声で言いました。「ざっと復習してみよう。先ほどは円周の長さまでできたんだよね。それを計算するのにアルキメデスが考えたのはこういう公式だった。

$$円周の長さ \ = \ 直径 \ \times \ \pi$$

　さて今度はその円の表面の広さ、つまりこのきれいな円の面積を考えてみよう。

でもその前に、わたしがとても愛着をもっている円をひとつ君に見せるとしよう」
　祖父はそう言うと、自分の部屋へ行って、学生のころの写真がのっている古いテーブル・センターの刺繡をとってきました。

「これ、すてきだろ？　これは君のひいおばあちゃんがつくったものなんだよ！　よく見てごらん。だんだん大きくなる円のなかにたくさんの糸が並んでるね」
「ほんとだ、おじいちゃんのママってすごく上手だったんだね。でもぼくは刺繡なんか覚えたくないよ！　この前の夏、おじいちゃんからもうクロス・ステッチを習ったじゃないか！……」
「心配しなくていいよ。テーブル・センターをもってきたのは、いま描いた円もたくさんの線に解体できると言いたかったからなんだ。さて、この円に半径にそって切れ目を入れると想像しよう。

それから糸をまっすぐに伸ばして一本一本を重ねてみると考えよう、こんなふうにね。

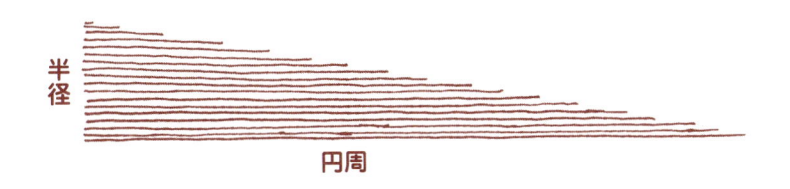

半径
円周

「三角形になっちゃったね！」
「ああ、底辺が円周で高さが半径の三角形だ。この三角形の面積は、縦と横がこれと同じ長さをもった長方形の面積の半分だから、こうやって出せるよね。

円周の長さ　×　半径　÷　2

「糸でこんなこと思いつくなんてさえてるね！　おじいちゃんが考えたの？」
「ちがうよ！　アルキメデスのまねをしただけだよ。まるい囲いのなかの表面をたくさんの細い縞に分けることを、はじめて思いついたのは彼なんだ。彼はもっと単純な形の表面に変えてみようとしたんだね。
　アルキメデスはこの思いつきを、同じく偉大な数学者でエジプトのアレクサンドリアの有名な図書館の館長をしていた、エラトステネスに手紙で知らせた。この人は一本の短い棒と影だけで経線の長さをみごとに測った人なんだよ！
　話をもとに戻そう。残念なことに、周囲がゆがんだ（つまり直線では

ない）形をしたものの面積を計算するすぐれた方法を、アルキメデスがこの友人に書いた羊皮紙は、どこかへ消えちゃったんだ。

　これはほんとうに惜しいことだった。なぜって別の数学者が同じことを考えたのは、それから1850年以上もあとのことだったからだ。その後、ゆがんだ表面の面積を計算するための理論も生まれた。それについてはもっと上の学校に行ってから、**積分法**という名称で勉強するだろう」

「それで、アルキメデスと同じことを考えたもうひとりの天才の名前はなんていうの？」

「その人は修道士で、ガリレオ・ガリレイの弟子だった。ボナヴェントゥーラ・カヴァリエーリという人だ」

「でもその細い縞のことを思いついたのがアルキメデスだって、どうしてわかったの？」

「1906年にデンマークのある研究者がコンスタンティノープルの図書館で、アルキメデスが自分の理論を説明した手紙のコピーを見つけたんだ。羊皮紙に書かれたそのコピーは10世紀のものだったんだが、でもだれの目にもつかなかった。文字は薄くなっていたし、それにその羊皮紙は祈禱集を書くのに再利用されていたからだ」

「よかったね、おじいちゃん、むかしはいまみたいに紙を無駄遣いしてなくて。さもなかったら、アルキメデスが細い縞を思いついたことなんかぜんぜんわからなかったよね！」

私が述べることは、まず器械などで試してみて、その後それを幾何学的に再現した結果得られたものをもとにしている。こうすればそれ以上の証明の必要がなくなる。ものごとのなかにそれが具体的に現れるのを確かめてから証明を試みればすべてがいっそう容易になる…。

「そうだね。でも再利用なんかしないうちに、アルキメデスの証明の重要性がすぐに理解できたらもっとよかったね。そうしたら数学もほかの科学もいまとはちがう道をたどっていたかもしれないよ！　ゆがんだ形の面積をもっと早く計算できただけじゃなくて、それよりさらに貴重な、アルキメデスの仕事の方法を知ることができたはずだよね。じっさいその手紙のなかでアルキメデスは、数学上の数多くの発見がどうしてできたかを友達に語っているんだから」

「おじいちゃん、アルキメデスがどうやって発見したのかがわかれば、ぼくらだって何か発見できるかもね！」

「手紙のなかで彼は、友達にこんなことをうち明けている。何か問題を前にしたときには、すぐにペンと紙をとって考えや証明を書いたりはしない。それより前に、まずいろんな道具を使って、器械なども使っていろいろやってみて、解答になりそうなものを探る。そのあとはじめて、抽象的で厳格な論理を通して、前もって考えていた解答の正しさを証明するんだって」

「でもそれって特別な方法じゃないよ。何か問題があったときにはぼくだっていつもそうするよ。まずはじめになんとかして役に立つものを見つけて、それからそれをうまく使おうと考えるわけだから！」

「君の言うとおりだよ、まったくそのとおりだ！　でもね、その時代には抽象的で厳格な幾何学が生まれたばかりだったんだ。研究者たちは自分がつかんだ正確で理論的な方法をちょっとでも手放したら、その結果重大な過ちを生むのではないかとはらはらしていた。これが創造力の発揮をさまたげる恐ろしいブレーキになったんだ！　当時の科学者たちがアルキメデスの方法を習得していたら、一大革命が起きていたかもしれないのにね！」

「それで、アルキメデスみたいな天才はいまでもまだいるの？」
「ああ、いまの数学者たちは創造力が豊かで、アルキメデスが理論上の問題を解くのに器械なんかの道具を使ったように、いまではコンピューターを使ってる。

　こんなゆがんだ表面の面積を出すのに彼らが考えだしたやり方を見てみようか。

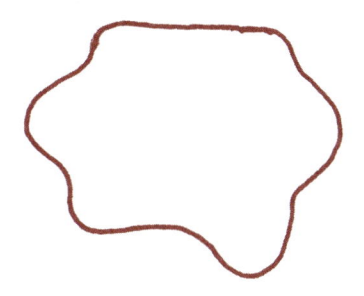

　まずゆがんだ形の周囲に面積の計算がたやすくできる形を描く。たとえば長方形みたいなね。

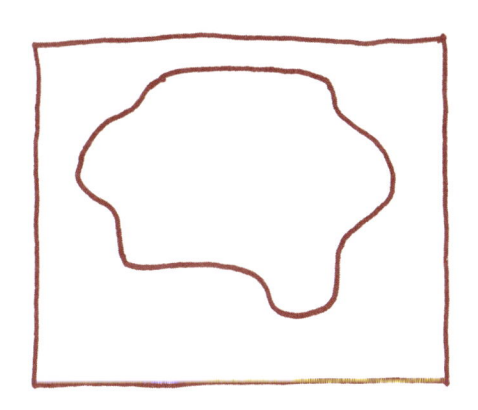

その長方形のなかに小さな粒を一様に降らせる。こうやってね、

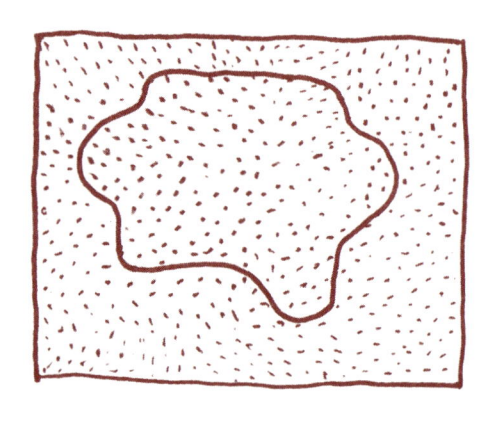

　粒を数えてみて、半分がゆがんだ形のなかに落ちていたら、その面積はどうなると思う？」
「たぶん長方形の半分だと思うよ」
「ゆがんだ形のなかの粒が全部の粒の３分の１だったら？」
「そうしたら面積は長方形の３分の１だろうね。でもおじいちゃん、このやり方はまったく正確だとは言えないよ！」
「そのとおりだ、正確じゃなくて、**おおよそ**なんだ。でも粒の落ち方が偶然で粒の数が多いほど結果は信頼できるんだよ。コンピューターがひじょうに役に立つのはこういうときなんだ。君があと数年もすれば使えるようになる簡単なプログラムがあれば、たくさんの粒の偶然の落ち方のシミュレーションがコンピューターでできるし、ゆがんだ形のなかに落ちた粒の数を数えることも、それからその面積を長方形の一部として計算することもできるんだよ。このやり方は、有名なモンテカルロのカジノから『モンテカルロ法』と呼ばれてる。偶然というのは賭け事だ

けに役立つわけじゃないんだよね！」

「もしコンピューターが使えたら、アルキメデスはさぞかしいろんな発明をしていただろうね！　手紙だってインターネットで送ればなくなったりしないし！」

「そうだね。ところでかの有名な手紙はどうなったと思う？　アメリカの金持ちでミステリアスな収集家が200万ドルで買いとったんだ。でももちろんギリシャ政府がそのあとでとり戻したけどね」

「200万ドル!?」

「でもすごいんだ、その中身がいまではインターネットで読めるんだよ！　『求積方法』って名前までついてる。そうなんだよ、いまではだれでも読めるんだ、それも世界中でね！」

chapter 18

オウムガイの渦の不思議

黄金比の多様性

　マウロ叔父がまた遊びに来ました。叔父はいつものように、かわいい甥にささやかなプレゼントをもってきました。そしていつものように、プレゼントを渡す前におきまりの質問をしました。「学校は好きかね？」
「うん、大好きだよ」フィーロは元気よく答えました。「友達に会えるし、休み時間には校庭で遊べるからね。それに女の子をからかうこともできるし、グラツィア先生が見てなければだけど……。でも学校のいいところはなんといっても、病気になったら休めるってとこだよ！」
「はじめの答えだけでよかったんだよ、大好きだよ、だけでね。あとのおまけはいらなかったよ！」叔父は包みを渡しながら小声で言いました。
　叔父もフィーロも、ふたりが「自然の彫刻」と呼ぶ貝殻がことのほか好きなので、フィーロは包みの中身がなんだかすぐにわかりました。叔父もプレゼントを選ぶのに苦労はしなかったのです。それは思ったとおり貝殻で、目を見張るほど美しい渦巻き模様の全体に、縦の縞が入っていました。
　それから叔父と甥がはじめた長いおしゃべりのテーマは、もちろん貝殻のことでした。

フィーロは、最近ママとパパに味見をしてもらった「舌も驚くコーヒー」を入れながら、マウロ叔父にお礼を言いました。叔父はフィーロの黒っぽいブレンドコーヒーを神妙にすすりました。それから視線をキッチン用の黒板に移しました。叔父の目もどうしてもそっちにいってしまうのです。そして、まるでその黒板は科学の即席(そくせき)の授業のためにあるとでも思っているかのように、そこに図を描きはじめました。算数の書き残しを消して、果物や野菜の名前はそのままにしておき、そこにきれいな長方形を正確に描きました。

「黄金の長方形はおじいさんからもう教わったかい？」叔父はまたコーヒーを沸かしはじめた甥のコーヒー屋にたずねました。

　フィーロは近ごろは貴金属にやけに夢中になり、宝石をつけている人を見るたびに本物かそうでないかをたずねていたので、急いでその特製の長方形に目を移しました。

「黄金？　どこが金なの？　まさかおじいちゃんが言う黄金比みたいなのじゃないよね。あれって身体にいくらあっても何かと交換することなんかできないんだよ！　おじさんみたいな数学者たちってちょっと頭がおかしいよ、金がどこにでもあるみたいに言うんだから……」

「もっともだよ、君がそう言うのは。この長方形が黄金の長方形って呼ばれるのはね、底辺と高さに**黄金比**があるからなんだ。底辺に0.618…をかけると高さになるんだよ。これって黄金比だよね？　覚えてる？」

「もちろん！　忘れっこないよ。ぼくはおじいちゃんのおかげで金ばっかり探すようになっちゃったんだよ！」

　叔父はそれからその長方形を、ひとつの正方形ともうひとつの長方形に分けました。新しい長方形も黄金の長方形なのだそうです。こっちも底辺と高さが黄金比の関係にあるからだと言います。

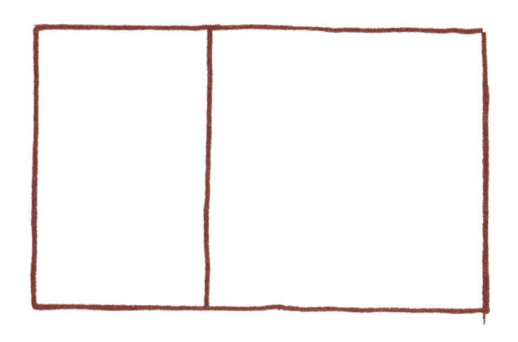

叔父はそうやって、正方形を分けるたびにできる長方形を同じようにつくっていきました。そして最後に黄金比をもったそれぞれの長方形の頂点を曲線で結ぶと、まるで魔法でも使ったように、みごとなオウムガイの渦が現れたのです！
「なんてかっこいいんだ！」フィーロは感嘆(かんたん)しました。「まるで太陽風の渦か、星雲が広がってできる渦みたいだね！」
「そうだね、この渦はじつに美しいね。ヤコブ・ベルヌーイという偉大な数学者はこの渦を自分の墓に彫(ほ)らせようとしたんだ。でも彫刻家がまちがえて、オウムガイの渦とは思わなかった。だから気の毒にベルヌーイはほかの形の渦の下に眠ってるんだよ！

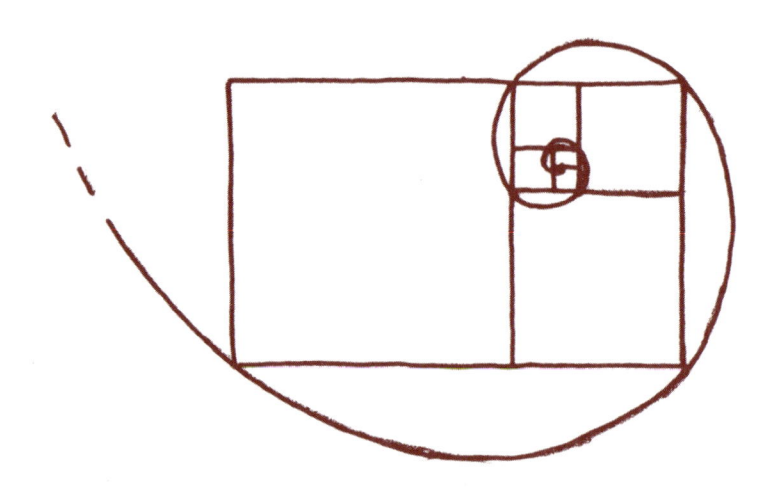

　数学者はオウムガイの渦にいろんな名前をつけているんだ。**対数**の渦、**比例**の渦、**等角**の渦、**幾何学**の渦、というふうにね。君にはどれもまだむずかしい名前だけど、どれもが特性を表現してる。いまはまだ説明しないでおくけどね。

オウムガイの渦は自然のなかにもたくさんあるよ。マーガレットの黄色い花やひまわりの花はこの渦がたくさん集まってできている。パイナップル、アーティチョーク、松かさの構造もこの渦がさまざまなふうに集まってできたものだ。カリフラワーの渦はじつにきれいだよ。それからもっと驚くことがある。この渦の数はほとんどの場合フィボナッチの数と一致(いっち)するんだよ！　たとえばマーガレットでは、ひとつの方向に13、もうひとつの方向に21の渦がある。ふつうの大きさのひまわりでは34と55というふうに、とにかくフィボナッチの数列のなかの続きの数になってるんだ。

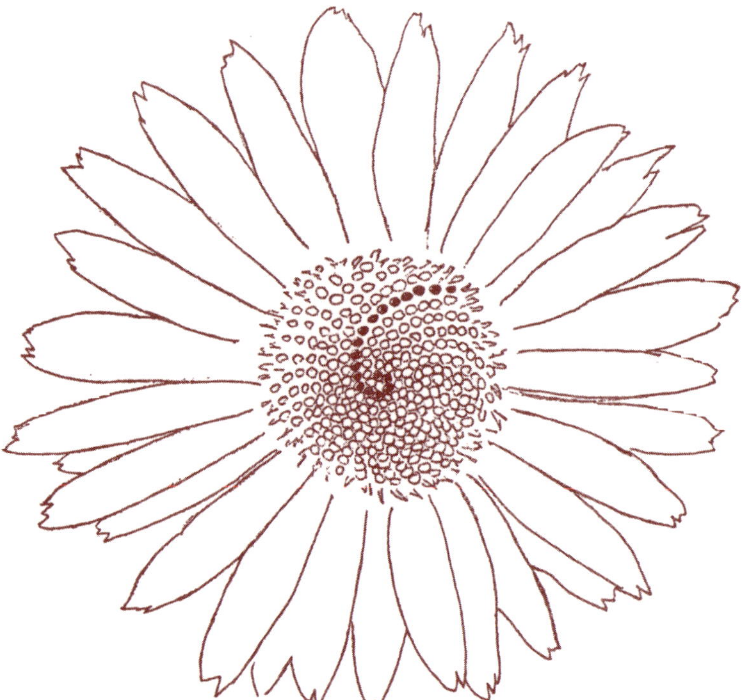

オウムガイの渦がもっとよく見られるのが生物の身体のなかの、素材が繰り返し積み重なってできたところだ。たとえば貝殻、角、爪、歯なんかだね。じっさいいつまでも成長をやめないこうした部分は、素材が対数の渦をつくるように配置されてはじめて、もとの形をそのままとどめることができるんだよ。すばらしい特性だと思わないかい？」
「ねえおじさん、渦と黄金比とフィボナッチの数は、貝殻からマーガレットまでどんなものでもつくっちゃうなら、それってまるで奇跡だよね。なんてかっこいい３人組だろう！」
　夕食のときママは、渦にブラボーを言うために、アーティチョークのタリアテッレと、カリフラワーのグラタンと、最後にはパイナップルのジェラートまで出してくれました。

chapter 19

水道屋さんはどっちが得？

デカルト座標

　最近フィーロは深刻なジレンマに悩んでいます。「サッカー選手のカードを集めるか、それとも動物のカードにするか」という問題です。アルバムとカード2ケースを買うのにどうにか間にあいそうなお金を何度も数えては、どうしようか迷っているのです。

　フィーロはもともと動物が好きなので、動物を選べば自然なのですが、でもそうすると学校のホールでみんながさかんにやっている抜群におもしろい「商売」から、とり残されてしまうのではないかと心配なのです。そこでは仲間たちが、サッカー選手のカードの交換や獲得に夢中になっています。もし動物のカードを選べば、用務員さんの小さなテーブルでウォール・ストリートの取引所のどなりあいみたいに繰り広げられるゲームに参加することはできないし、それより困ったことに、サッカーチームについては、学校じゅうでいちばん鈍い子になってしまうのです。なにしろパパも祖父もサッカーの試合にはまったく疎いので、フィーロはふたりからサッカー熱を吹きこまれた経験がまったくないのですから。

　昨日フィーロは、サッカー選手と動物のあいだで悩んでいることを祖父にうち明けました。祖父はその問題をいろんな点から考えてみて、動物

のほうに軍配をあげました。
「おじいちゃん、やっぱりそのほうがいいよね」フィーロも言いました。「サッカー選手はチームを替(か)えたり引退したりするけれど、動物はいつも変わらないもの。アルバムを一度いっぱいにしてしまえば、ずっとそのままでいいんだからね。サッカー選手を選んだら、毎年新しいカードを入れなきゃならないもん!」
「そうだよ、よくわかったね。とても理屈が通ってるよ! ごほうびに明日売店へ一緒に行ってアルバムを買ってやろう!」
けれども早くも今朝、フィーロは学校から帰ってくると、また頭を抱えていました。
「おじいちゃん、ぼくはディエゴに言ったんだ、その子は4年生で、自分のことマラドーナって呼ばせてるんだけどね、デル・ピエロが何発ゴールに入れたかより、コアラは何を食べるかを知るほうが大事なんだって。そうしたらなんて言ったと思う? コアラは絶滅(ぜつめつ)しそうな動物なんだから、そんなの研究したって無駄だって。それにオゾンホールのおかげで、いつかは絶滅する動物はたくさんいるんだって! だから毎年サッカー選手の新しいアルバムをつくるほうがいいって言うんだよ。そうすれば学校がはじまるときには、交換するカードが2倍になっているからだって。あいつ、くわしいもんな! ねえ、どうしたらいい?」
でもふたりが売店に行ってみると、サッカー選手用のアルバムも動物用のアルバムも売りきれで、どちらもなかったのです。そこで、海戦ゲームがおまけについたミッキーマウスのすてきなカレンダーを買いました。ふたりはむずかしい選択(せんたく)から解放されると、海戦ゲームを早くはじめたくて、家へとんで帰りました。買う物を変更(へんこう)していちばん喜んだのはもちろん祖父で、祖父は甲鉄艦(こうてつかん)を撃沈(げきちん)したり、駆逐艦(くちくかん)を爆撃(ばくげき)したり、

大西洋横断戦艦やスクーナー船をやっつけたりしているうちに、大洋を完璧な**デカルト座標**に変えてしまったのです。

「海戦ゲームを考えだしたのは、まちがいなく数学者なんだ！」祖父はそう言いましたが、デカルトの名前がもう口に出かかっていました。

「そんなことないと思うよ！」フィーロがさえぎりました。「海軍の大将かだれかだよ！」

「ちがう、ちがう。それはルネ・デカルトにちがいないって、考えれば考えるほどそう思うね！」祖父は自信たっぷりで言い返しました。「ルネ・デカルトは400年前のフランスの人なんだ。彼は数学者であるだけでなく偉大な哲学者でもあった。いまでも有名なラテン語の言葉を（当時は学のある人たちはラテン語を使っていたからね）口癖のように言っていたんだ。『われ思う、ゆえにわれあり』、つまり、わたしは考える、だからわたしは存在する、ってね。彼は、人間にとってもっとも大事なことは考えることだ、と言いたかったんだよ！ だから、わかると思うけど、彼は考えることに何時間も費やしたんだ」

「じゃあそうなのかもしれないね。その人がこれを発明したのは、考えすぎたときなんかに、友達とこのゲームでリラックスしたかったからかもね！」

「いろいろ考えているうちに、彼の頭に新しいアイデアが浮かんだ。それで**基準枠**っていうのを発明したんだ。これはある位置を割りだすための方法で、地球の経線と緯線みたいなものだ」

「さもなかったら町の地図みたいとか？」フィーロが言いました。「ママは車を運転しているとき、いつでもぼくに、地図を見てって言うんだ。グラツィア先生もぼくらに同じことをさせたよ。学校に着くまでに通る枠をみんなで順々にあげていくんだ。ぼくが通る枠はA5とA6だけだけど」

「うん、そうだ。町の地図も経線と緯線も基準枠だね。デカルトが考案したのはその元祖なんだ。図はちょっとちがうけど、でも本質は変わらない。数学者はそれを、偉大な思想家であったデカルトに敬意を表して、**デカルト座標**と呼んでいる。黒板に描いてみようか。

Cartesio
デカルト

これはアイデアとしては単純なんだが、数学の方法を革新できるし、それと同時に、数学的手法を使うあらゆる科学の方法を革新できるものなのだ。デカルトの書いた論文に「幾何学」というのがあるけれど、彼は1637年にオランダで発表したその論文に、基準枠のことを書いた。彼のこのアイデアは科学全体に大変な貢献をすることがわかったので、ふつうは1637年を**近代科学**が生まれた年としているほどだ。

　この時期はじっさい、科学についての新しい考え方がつぎつぎと生まれる時期だったようだね。1年あとには同じオランダで、ガリレオ・ガリレイが『新科学対話』という本を出したが、これも当時の知識をおおはばに改めるものだった。でもそれについてはまた別の日に話すことにして、いまはデカルト座標に戻ろう。

　よく聞いててね。直角にまじわる2本の直線がある。それぞれの直線の上には、君がもう知っているあらゆる数字が出てくる。整数も小数

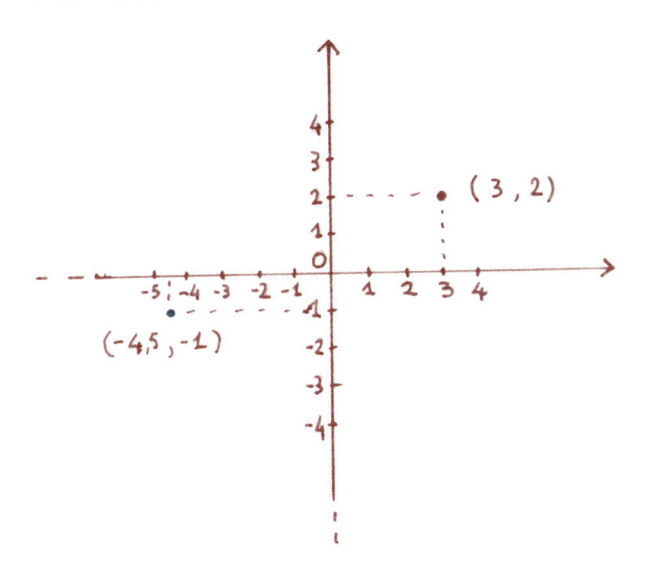

も、＋や－の記号がついたのも。横線の数は左から右へいくほど大きくなる。縦の線では下から上へいくほど大きくなる。基準枠の**原点**（origine）だからOと呼ばれる接点のところには、横の数と縦の数の両方に共通の0がある。

　さてこの原点から出発して、はじめは横に、つぎには縦に移動していくと、この平面上のどんなところにも到達できる。たとえばこの赤い点のところへいくには、右に3歩、上に2歩進めばいいね。そこでこの赤い点はカップルの数字（3，2）で表されるんだ。今度は青い点のところまでいきたければ、左に4歩半、下に1歩進めばいい。そこでここの数は（－4.5，－1）になる。

　大事なのは先にどっちの方向にいくか、横に動くか縦に動くかをきちんときめることだ。たとえば右に3歩いって上に2歩いった点は、上に3歩いって右に2歩いった点とは違うよね。つまり（3，2）は（2，3）のカップルとはちがう。このことからこの基準枠の基本的な規則が出てくる。要するに、**はじめの数はつねに横の移動を示し、つぎの数は縦の移動を示す**、ということだ。数学者は混同しないように、はじめの数を**横座標**、あとの数を**縦座標**と呼んでいる」

「でも、こんなに簡単なことで、どうして数学だけでなくほかの科学の革新までできたのさ？　ぼくの気が散らないように、ちょっとオーバーに言ったんじゃないの？」

「そんなことないよ！　まったくそのとおりなんだ。よく聞いててごらん。

　わたしたちのまわりには量や大きさが変化するものがたくさんあるけど、でもいつまでたっても変わらないものもある。君の身長、この部屋の温度、スタンドで補給しているときのガソリンの量なんかは変わるね。

でもこの部屋の広さ、窓の数、机の脚の数などは変わらない。

　変わらない大きさは問題にはならない。1回測ったらそれでおしまいだ。でも変わる大きさのほうは、なんというか、つかみにくいんだね。測ってもまたすぐに変わってしまう。だからつかむことが問題になるんだ。数学者にとっては知識が基本だからね。**数学**っていう言葉は**習得すること、知ること**、という意味なんだ。これはギリシャ語の mathema に由来するんだが、この言葉はまさにそういった意味なんだよ。とにかくデカルト座標は、まるで映画のスクリーンみたいに、変化する大きさを映しだせる。だから変化を知るには最適なんだ。

　どんな例があるか見てみようね。今日の新聞をめくってみようよ……ほらここにグラフがある。ある年数のあいだにイタリアの人口がどんなふうに変わったかが出てるよ。

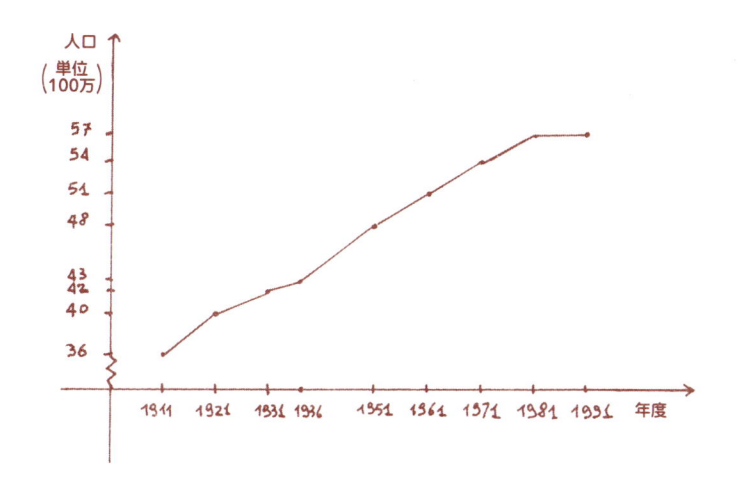

　さて、横の直線には年度が示されている。時間というのは変わっていくものの代表みたいなもんだからね。縦の直線のほうには、統計をとっ

た年のイタリアの人口の数値が表されている。この図は数字を並べただけの表より見やすいと思わないかい？　一目見ただけで、人口がどんどんふえているのがすぐにわかるよね。

変わる数量を直線の上に数値で書き入れていくっていうのはうなずけるよね。だけど年度と人口という変化するふたつのものをこんなふうにただ並べただけでは、

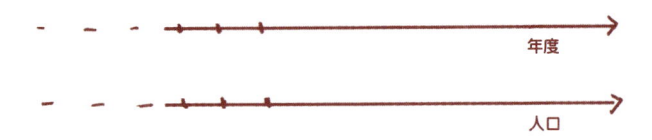

あまり理解の助けにはならないね。このふたつの変化には関連があって、それぞれの年の人口なんだから、2本の直線をひとつの図にまとめちゃえ、って考えたのがデカルトのすごいところだ。彼はこのやり方で平面を分け、横と縦の広がりを読みとる人間の能力をフルに使おうとした。数でできたそれぞれのカップル（年度とその年の人口）の位置が、すぐにわかる平面上の点になっているんだ。

　もうひとつ例をあげよう、もっと身近なのをね。先週水道屋さんを呼んだよね？　彼によれば、まず基本料金が10000リラで、それに1時間につき30000リラを加える計算だった。だから払う費用は、こわれたところを直すのにかかる時間の長さによる。つまりこういうことだよね。

料金(リラ)＝30000×時間数＋10000

　ここにも変化する数量がふたつある。費用と時間だ。費用は時間**によってきまる**。数学用語を使えば、費用は時間の**関数**なのだ。費用のほ

うは**従属変数**と呼ばれ、時間のほうは**独立変数**と呼ばれてる。30000と10000のふたつの数は変わらないから**定数**と呼ばれてるんだよ。

さあ先へいこうか。これをデカルト座標に書いてみようね。まず表をつくることからはじめよう。上の欄には水道の修理にかかりそうな時間を書き入れ、下の欄にはそれぞれの場合の費用を書き入れる。こんなふうにね、

作業時間	1	2	3	4
費用（リラ）	40000	70000	100000	130000

さてこれをルネ・デカルトの方式に移して、どうなるか考えよう。ほら見てごらん。デカルトの座標軸にカップルの数を移したら、点が直線の上に一列に並んじゃったよ！

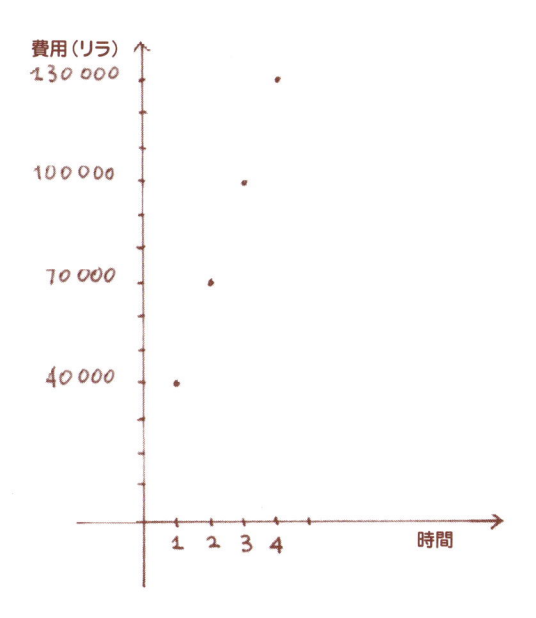

これを見れば、時間と費用を表すほかのカップルの数も同じ直線上の点になるだろうって、当然予想できるよね。ということは、2時間半かかった場合の費用を知りたかったら、この図をにらめばいいってことだ。そうすれば縦軸に85000リラって出てくるね。
　でもこれでおしまいじゃないんだよ！　すごく役に立つ比較(ひかく)ができるんだ。

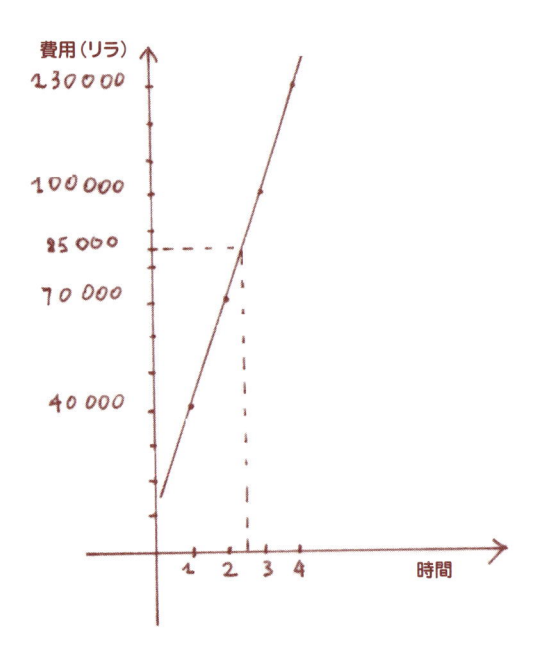

　わたしの記憶(きおく)にまちがいがなければ、ママはもう1軒(けん)の水道屋さんにも電話をしたよね。そっちは1時間につき20000リラで、それに基本料として30000リラというきまった料金を払う。つまりこうなるね、

$$費用 = 20000 \times 時間数 + 30000$$

うちははじめの水道屋さんに頼んだけど、それでよかったかどうかわかったらおもしろいよね。

　デカルト座標は比較をするのにもってこいなんだ。だからはじめの水道屋さんの直線の上に、2番めの水道屋さんの直線を重ねてみよう。こうなるね、

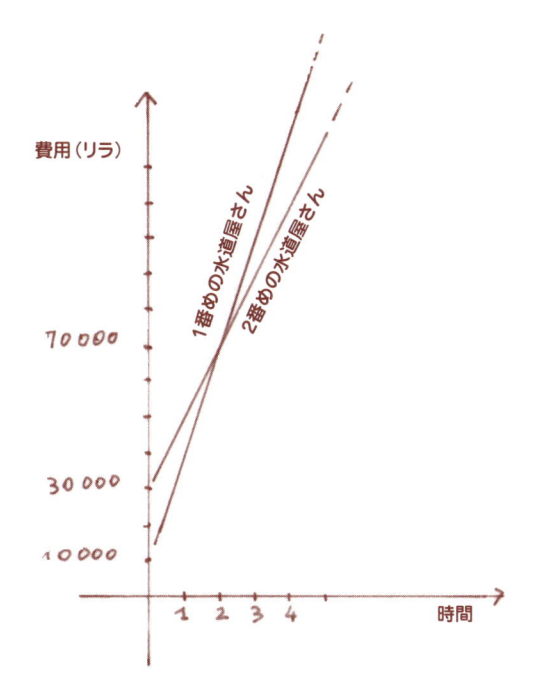

デカルトのグラフ（この図はそう呼ばれてる）からわかることは、作業に2時間もかからないならはじめの水道屋さんのほうがよくて、2時間を超えるなら2番めのほうがいいということだ」
「じゃあちょうど2時間かかるなら、どっちにしたって同じだよね！でもおじいちゃん、こわれたら自分で直すほうがよくはないの？　どっちに頼むよりよっぽどいいじゃん！」

「そりゃそうだけど、でも何もかも自分でやるなんてむずかしいよ！いずれにしても、こわれたところは1時間半で直ったんだから、はじめの水道屋さんでよかったということだ。
　こんなふうに、数量の変化にふたりの水道屋さんの場合のような法則があてはまる例は少なくないんだ。もうひとつ例をあげようか。わたしがここのマンションの会計管理を任されたときに覚えたものだ。
　マンションの暖房に毎日使われるガソリンの量は、暖房を何時間使うかによるね。ここの装置は1時間につき10リットル食うんだけど、は

じめにボイラーの水を温めるのに必要な２リットルを定量として加えなければならない。そこで、使う**ガソリンの量**は**時間数**によって変わるというのはこうやって表せる。

ガソリンの量＝10×時間数＋2

　数値は変わっても、この方式は水道屋さんの場合と同じだね。つまり直線を生みだす法則を使うわけで、この方式は**直線の方程式**と呼ばれてる。
　見てわかるように、この方式はいろんな状況に使える**モデル**なのだから、一般的にこう書くことができる。

従属変数＝…×独立変数＋…

この…の部分には、それぞれの状況に従った定数を書けばいい。
　でもじっさいには、数学者たちはもっと手短な書き方をしてるんだ。クリスマスにはパネットーネを食べ、復活祭にはチョコレートの卵をもらうみたいに、しきたりとして、従属変数をy、独立変数をxにして、ふたつの定数にはmとqを使ってる。だから**直線の一般方程式**はこうなるね。

$$y = mx + q$$

「おじいちゃん、変数がふたつあるならどんなときでも直線で描けるわけ？」

「そうじゃない。グラフにはいろんなのがあってね、直線よりちょっと複雑なのもある。君もあと2、3年のうちにはそういうのにお目にかかるよ。そんなのを2つ3つここに描いてみようか。こんなタイプがあるんだってわかるようにね。

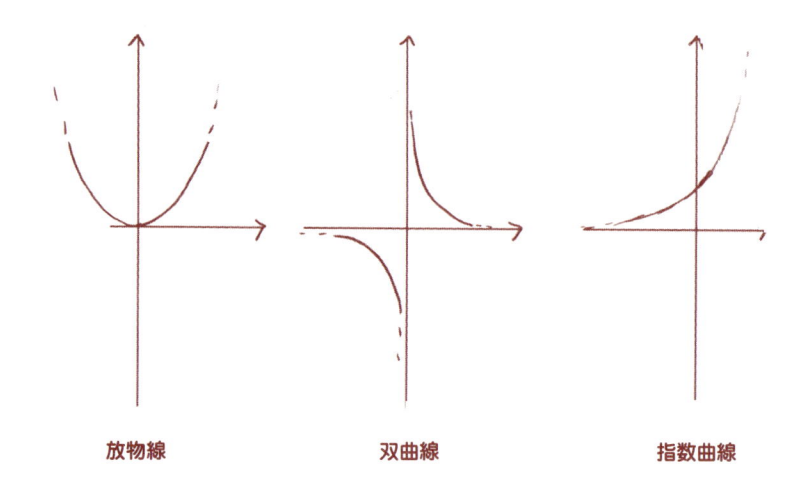

　　　　放物線　　　　　　双曲線　　　　　　指数曲線

「これって何に使うんだか知らないけど、でもこのグラフってすごくスマートだね。これでやっとわかったよ、海戦ゲームを考えだしたのはやっぱりデカルトなんだ。じゃあいまから、デカルトのために最後の戦艦を沈めてやろうよ！」

chapter **20**

自然のなかの幾何学模様

フラクタルの図形

　わたしたちは数日前から浮かない顔をしています。祖父が明日、家を去るからです。

　祖父はしばらくマウロ叔父の家にいることになったのです。なぜなら、ほかの孫たちがどうしても来てほしいと言うからです。いちばん落ちこんだのはフィーロで、そのことを知ったとたんにベッドにもぐりこみ、いつかコアラのかわりだった古い布を抱きしめて長いこと泣いていました。

　でもそれから涙をふくと、反撃に出ました。いとこに送ってほしいとわたしに言っていた手紙を、弟は昨日見せてくれました。

『こんにちは、ぼくのいとこたち、
　どうしておじいちゃんがもう少しここにいてはいけないのですか？　ぼくのほうがそっちへ行ってもいいですか？　すぐに返事をください、もしそれでよければしたくをしなければならないからです。ゲームも少しもっていけます。みなさんはもう大きいけれど、でもゲームは楽しめます。ぼくのゲームは天才的なんだから！　ぼくはとても悲しいので、ぼくの願いをかなえてください。毎晩寝る前には泣きたくなるし、昼間だって、グラツィア先生が数学の説明をしていると泣きたくなるからです。おわり。
　　　　　　　　　　　　　　みなさんの小さないとこより』

学校を放りだすことはできないこと、向こうのいとこたちだって祖父のそばにいたいこと、などを弟に納得させるのに、わたしも汗をかきました。
　今朝、祖父は出発しました。
　学校が引ける時間になると、わたしがフィーロを迎えに行きました。弟はわたしの姿を見るが早いかすっ飛んできて、わたしの服に顔を埋めてわっと泣きだしました。

家に帰るとわたしは、フィーロが好きなホットココアをつくりました。それから弟に、祖父から教わった特製ピッツァのつくり方を教えてほしいと言いました。弟は最初のうちはぐずっていましたが、でもそれから、粉にまみれたりTシャツにトマトの染みをたくさんつけたりしているうちに、料理への意欲が湧いてきたみたいでした。
　1時間ほど練ったり張ったりしてから、オーブンに入れて、おいしいピッツァ・マルゲリータができるのを待ちました。
「おじいちゃんはすぐに戻るよね？」弟が鼻をすすりながら言いました。
「ええ、もちろん早く戻ってくるわよ」
　それからしばらくすると、弟がまた言いました。「おじいちゃんはオーブンの前で待っているとき、いつだって数学のおもしろいことを何か

しら教えてくれたんだ。お姉ちゃんは何も教えてくれないの？」

「何もっていうわけでもないけど……」わたしは頭のなかで考えをめぐらしました。何か独創的なものがひらめかないかと知恵をしぼってみました。フィーロは期待と心配のまじった目でわたしをじっと見ています。

「フラクタルがあるじゃない！　フラクタルの話をするわ！」わたしは思わず大声を出しました。「フラクタルって知ってる？」

「たぶんね……おじいちゃんがときどき猫たちにやるのなら知ってるよ。でもあれって最後の音がちがうんじゃない？」弟は最後のほうをゆっくり発音しながら訂正しました。

「ちがうの、臓物（フラッタリエ）とはちがうのよ！　あたしが言ってるのは別のものなの。知らないでよかったわ、これであたしも楽しい数学のお話が少しはできるものね。待っててね、デザインをとってくるから」わたしは走っていくと、名高いフラクタルがいっぱい描かれた紙を抱えて意気揚々と戻ってきました。

「これはコンピューターで描かれたデザインなの。**フラクタル**って呼ばれるのは、周囲がどこもギザギザだからなの。**フラクタル**っていう言葉は**frangere**っていう言葉から出たんだけど、これは**こわす**っていう意味なのよ。防波堤が波をくだくとか、おじいちゃんが猫のために臓物を細かくするみたいにね。この名前を思いついたのはベノア・マンデルブローっていうフランスの数学者で、彼は1970年代にこれを研究したの。すてきじゃない？」

「すてきだけど……」弟は口をとんがらせました。「でもぼくもおじいちゃんと同じで、**抽象芸術**っていうのはあまり好きじゃないんだ。**わかりやすいのがいいな**」

「それじゃあ、フラクタルってどんなふうにできるか説明するわ。も

し将来抽象芸術が好きになったら、あなたも何か描けるようになるわよ。黒板をとってくれる？　まず3つの辺が等しい**正三角形**を描いてみましょう。それからそれを**こわす**の、つまりそれぞれの辺を等しい3つの部分に分けるのよ。そのためにつけた点を全部結ぶと、同じ大きさの点線の正三角形ができるわけ。新しくできた形の辺を使って同じことを繰り返していくと、こんなふうになるの。

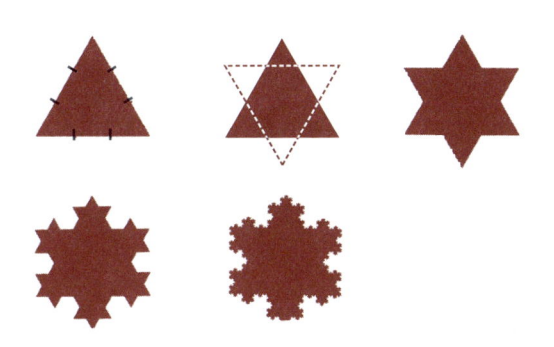

「なんてきれいなんだろ！　まるで雪の細かいかけらみたいだね。こうやってどこまでも続けるの？」

「頭のなかでならこの操作はどこまでいっても終わらないけど、でもじっさいにはどこかで終わらせることになるわ。

　この形は三角形でなくてもできるの。正方形でも、正方形と三角形が交互に出てくるのでも、ゆがんだ形やまるいのでもね。はじめがどんな形でもそれを変えていけるのよ。大事なのは、図形を変えていくたびに使う規則がいつも一定だってこと。こっちのはフラクタルの方法でこしらえた木よ。これはコンピューターでつくったんだけど、はじめのプログラムは単純で、新しい部分の上にどんどん重ねていくタイプのものなのよ。

形はいつでもはじめのと同じなの。小さい部分も拡大してみれば全体の形と同じなわけ。だからフラクタルは**自己相似**っていわれるのよね。自然のなかのみごとな例はシダなんかがそうよ。葉っぱの先がギザギザになって小さな葉っぱをつくり、その葉っぱがまたギザギザになってもっと小さな葉っぱに分かれてるって感じ。

自然のなかのフラクタルはシダだけじゃないわ。山並み、海岸線、積み重なる雲、それに血管のすじだってそうね。どれもフラクタルだと考えられるの。どんなに小さな部分も全体の構造の図式を繰り返しているんだから。
　こんなふうに、ずっと前にはただおもしろいなあって見ていただけのものが、いまではさまざまな自然現象の解釈や研究に役立っているのよ」
「ぼくもたまに」フィーロがおずおずと言いました。「グラツィア先生が説明してるあいだ、フラクタルみたいな絵をたくさん描くことがあるよ。ぼくの絵だって、いつか何かの研究にばっちり役に立てるかもね！」
「そうだわね！　フラクタルは数学にもさっそうと新風を吹きこんだの。たとえば理想的なフラクタルの線を、つまり図柄がどこまでいっても繰り返されるフラクタルを、どこまでも拡大できて、だんだん小さくなる細かいところまではっきり見ることができるとするわね。そうすると、どんなに小さくなってもちゃんとギザギザになっていることがわかるのよ。このことは、マンデルブローにとってもほかの数学者たちにとっても無視できない問題になったの。彼らにしてみれば、理想的な線には厚みはなくて、線は表面に入った切れこみでしかなく、長さというひとつの次元しかなかったはずなのね。それなのに、いつでもギザギザになるフラクタルの線には、ある程度の厚みがあったのよ。ちょっと表面みたいに見えるけど、でも表面ではなかったから、縦と横というふたつの次元のものではなかったの！　だからマンデルブローは、線と表面とのあいだに幾何学上の新しい要素を考えなければならなくなったのよ」
　オーブンのタイマーが小さな音をたてたので、わたしも弟もびくっとしました。
「ピッツァだ、ピッツァだ！」フィーロは高い声をあげ、フラクタルな

どどこへやら、たちまちコックに変身しました。大きな手袋をはめると、シェフにふさわしいはじめてのピッツァをオーブンからとりだしました。

「かっこいいな！　おじいちゃんがつくったのみたいだ！」フィーロは自信たっぷりでした。オレガノの快い香りがあたりを満たし、弟の機嫌も直ったので、わたしたちはルンルン気分になりました。

　わたしはフィーロを見ながら、祖父が帰ってくるまでは書きものをやめて、料理づくりに精を出そうと思いました。

この本を小学生や中学生、
彼らのお父さんとお母さんに勧める

秋山 仁（東海大学教育開発研究所教授・理学博士）

　わたしたちの生活に数学がどのように関わり、またどのように融けこんでいるかを小学生や中学生にやさしく解説するのは容易なことではない。しかし、ひとたびその試みに成功すると、子どもたちはまちがいなく算数・数学に興味を抱き、また勉強してみようという意欲にかきたてられる。この本はその試みに挑戦し、見事に成功している。

　著者のアンナ・チェラゾーリは長年イタリアの北部の町トリノで教鞭をとったあと、ローマから100キロほど東の中世の町ラクイラに移り、現在でも教鞭をとり続けているバリバリの数学教師である。この著者自身の経験から、どのようにすれば子どもたちが数学に興味を抱き、またその面白さと有り難さを理解してくれるかに、つね日ごろから腐心していた。そのことは、この本の原書の副題にある「子どもと数学世界を冒険する」という言葉に表れている。とはいっても、ふつうの啓発書がとるような平凡な数学の解説書ではなく、あるマンションの5階に住む家族をとり上げて、そこで繰り広げられる日常生活が数学にどのように関わっているかを1つの物語として纏め上げている。なお巻末の著者紹介によると、この家族はどうやら著者自身の家族を小説ふうにつくり変えたものらしい。

　物語の語り手は家族の一員であるわたしで、主人公はわたしの弟のフィーロと長年の教師生活から引退したおじいちゃん、それにまだ現役の数学教師であるマウロ叔父さんの3人である。その他のわき役としては、フィ

ーロの小学校の数学教師であるグラツィア先生、同じマンションの上の階に住むベネデッティおばさん、ママの親友の娘のリンダちゃんなどが登場する。数学教師を定年退職したおじいちゃんは、今日でも数学にたいする愛情と情熱を現役の教師以上にもち続け、機会を見てはフィーロに話しかける。聞き手のフィーロも話に興が乗ると、おじいちゃんと同じように夢中になる。こうした祖父と孫の2人の掛け合いのなかで、小学生にも理解できるいろいろの数学が見事なまでに展開されていく。

　物語がどのように展開されていくかはこの本を読んでもらうことにして、ここではこの本がとり上げた数学の話題を少しだけ紹介する。

　冒頭は数を数えることから始まって、「1、2、3、…」という自然数がじつはインドで発明されたという話をする。また、計算の仕方を記述するのに「アルゴリズム」という言葉を使っているが、この語源がどこからきたかを説明する。そして、むかしはものを数えるのに小石を使っていたという事実から、小石を意味する「カルコロ」が今日の「計算する」や「解析する」になったという興味ある話に入る。また、わたしたちは数を表すのに10進法を使っているが、この10進法が人間の左右の指の数と密接に関係していることを指摘する。

　つぎは「0」の誕生の話である。いまでは0も数の仲間として立派に使っているが、これを一人前の数と認めるまでにはかなりの歳月がかかった。0を最初に使ったのはやはりインドで、サンスクリット（梵語）で「空」を意味するスーニャ（śūnya）を使った。アラビアではこれを同じ意味のシフル（sifr）と翻訳し、さらにいろいろな国で翻訳されて、ついに今日のゼロ（zero）になったという。うそのようなほんとうの話である。つぎは加減乗除の順序の話で、なぜ×（かけ算）や÷（わり算）を＋（たし算）や－（ひき算）よりさきに計算しなければならないのかの説明に移る。いわれてみれば当然であるが、知らなければ説明できない話である。

　これまでを導入部とすれば、これからは本番の核心部である。そこから

話題をふたつほど拾うとつぎのようになる。日本には古くから「ネズミ算」という言葉があるが、西洋には「ウサギ算」という言葉がある。ウサギの独特の繁殖方法に着目したもので、これからフィボナッチの数と呼ばれる美しい数列が生まれる。このフィボナッチの数はひまわりの花や松かさのウロコなどの植物でも観察され、数学と自然界との関わりを如実に示している。一方、人体の各部の寸法とも密接な関係をもつ調和のとれた美しい比率に黄金比と呼ばれるものがあるが、フィボナッチの数はこの黄金比とも関わりをもち、これから有名なギリシャのパルテノン神殿の建築構造にも結びついていく。またオウムガイのような巻き貝の渦巻きにも関連をもち、自然界の動物や植物に結びつく関わりは計り知れない。このフィボナッチの数と黄金比が小学生にも理解できるように明快に説明されている。
　フラクタルと呼ばれる不思議な曲線は、20世紀のマンデルブローが彼の著書で提唱したものである。ふつうの曲線とちがって、それをつぎつぎ拡大すると、内部から同じ形の曲線がいくらでも現れてくる。自然界では雪の結晶、波打ち際の波形、樹木の枝の生え方などがフラクタルに近いといわれている。曲線なのに太さがあるような感じで、常識からはかけ離れている。相当むずかしい数学を使うのに、ごくやさしく解説している。この著者にかかると、高等数学も赤子の手をひねるように簡単に理解できるよい例である。
　この本の一部の話題をごく粗く解説したが、要するに著者が言いたいことは、数学の本質は教師の努力次第で小学生にも容易に理解させることができるというもので、その努力で子どもたちはまちがいなく数学の魅力にとりつかれる。この意味でも、数学嫌いの子どもたちにぜひ読んでもらいたい本である。
　なお、この本はイタリア語からの翻訳であるが、訳者の才能に助けられて、翻訳とは思えない見事な文章になっている。このため、流れるように読み進むことができる。

＊本文中の数学に関するチェックは、解説を執筆されました、東海大学教育開発研究所教授の秋山仁先生にお願い致しました。

著者紹介
アンナ・チェラゾーリ

　高校の教師をしている。長年イタリアの北部の町トリノで暮らしたあと、現在はローマから100キロ東の中世の町ラクイラに住む。これまでにも数学についての一般向けの本を多数執筆。エルマンノという12歳の息子がいる。本書に出てくる叔父のマウロは著者の兄で、ADT（ニューテクノロジーによる教育協会）を主宰するかたわら、ラクイラ大学で確率論と離散数学を教えている。

　本書は専門家からも一般からも高い評価を受けたが、とりわけ、数学普及のためのビッグプロジェクトの一環として、トリノ理工科大学から推薦図書に指定された。むずかしい理論が一種のゲームに変身してしまい、数学嫌いの先入観をくつがえすもってこいのガイドブックになっている。「数学の本がこれほど明快でおもしろかったら、数学が好きになっていたにちがいない」という声が読者から多数届いている。

数の冒険
算数・数学の世界を楽しむ20話

著者／アンナ・チェラゾーリ
訳者／泉　典子
発行者／小林公成
発行／株式会社　世界文化社
〒102-8187　東京都千代田区九段北4-2-29
電話　03-3262-5115（販売）
　　　03-3262-5118（編集）
印刷・製本／中央精版印刷株式会社
発行日／2003年4月20日　初版第1刷発行

©Noriko Izumi　2003, Printed in Japan
ISBN4-418-03505-2
禁無断転載・複写。
定価はカバーに表示してあります。
落丁本・乱丁本はおとりかえいたします。